BT
REPORT

싱글라이프와 소비트렌드 2023년 개정판

저자 비피기술거래 비피제이기술거래

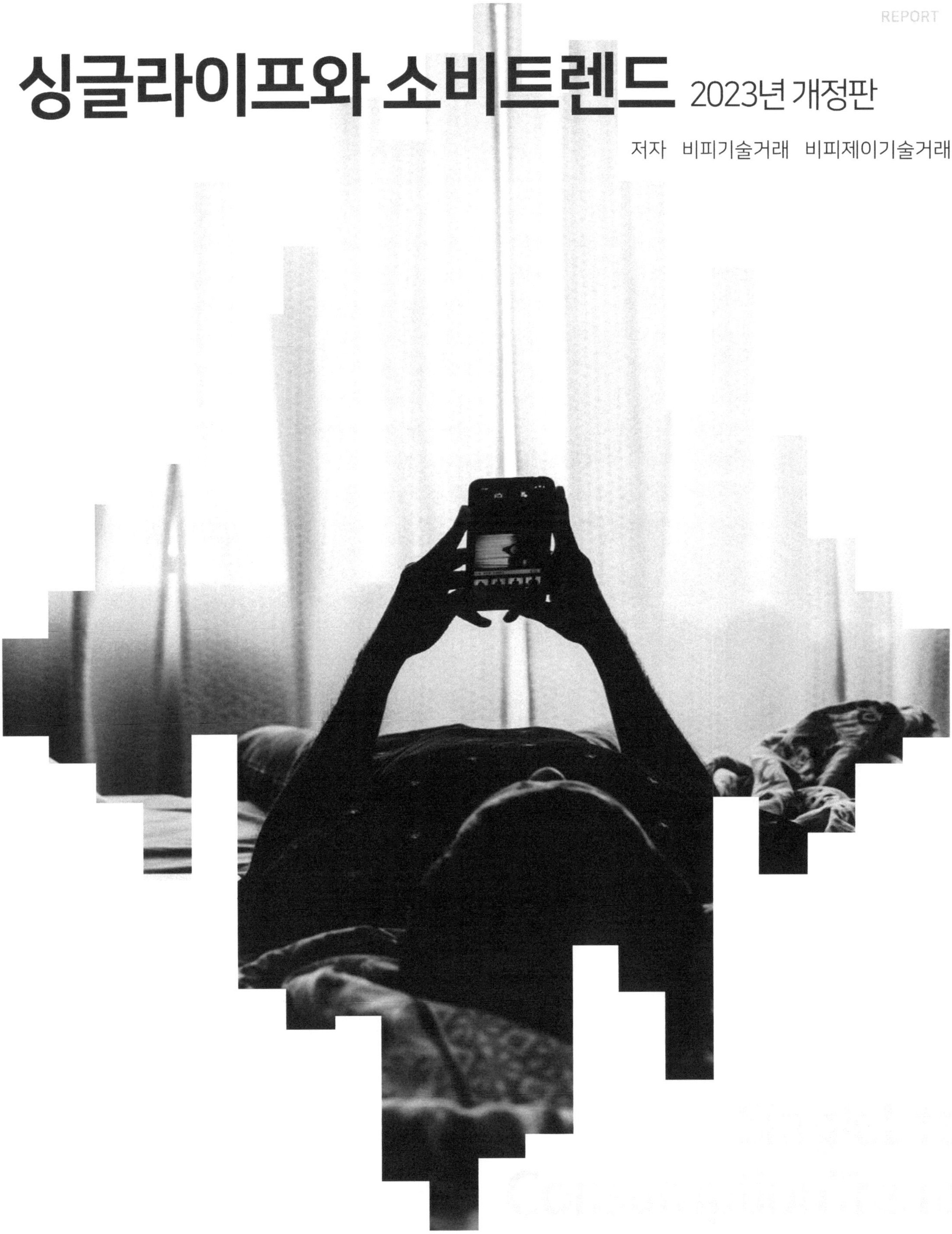

㈜ 비티타임즈

<제목 차례>

01

서론

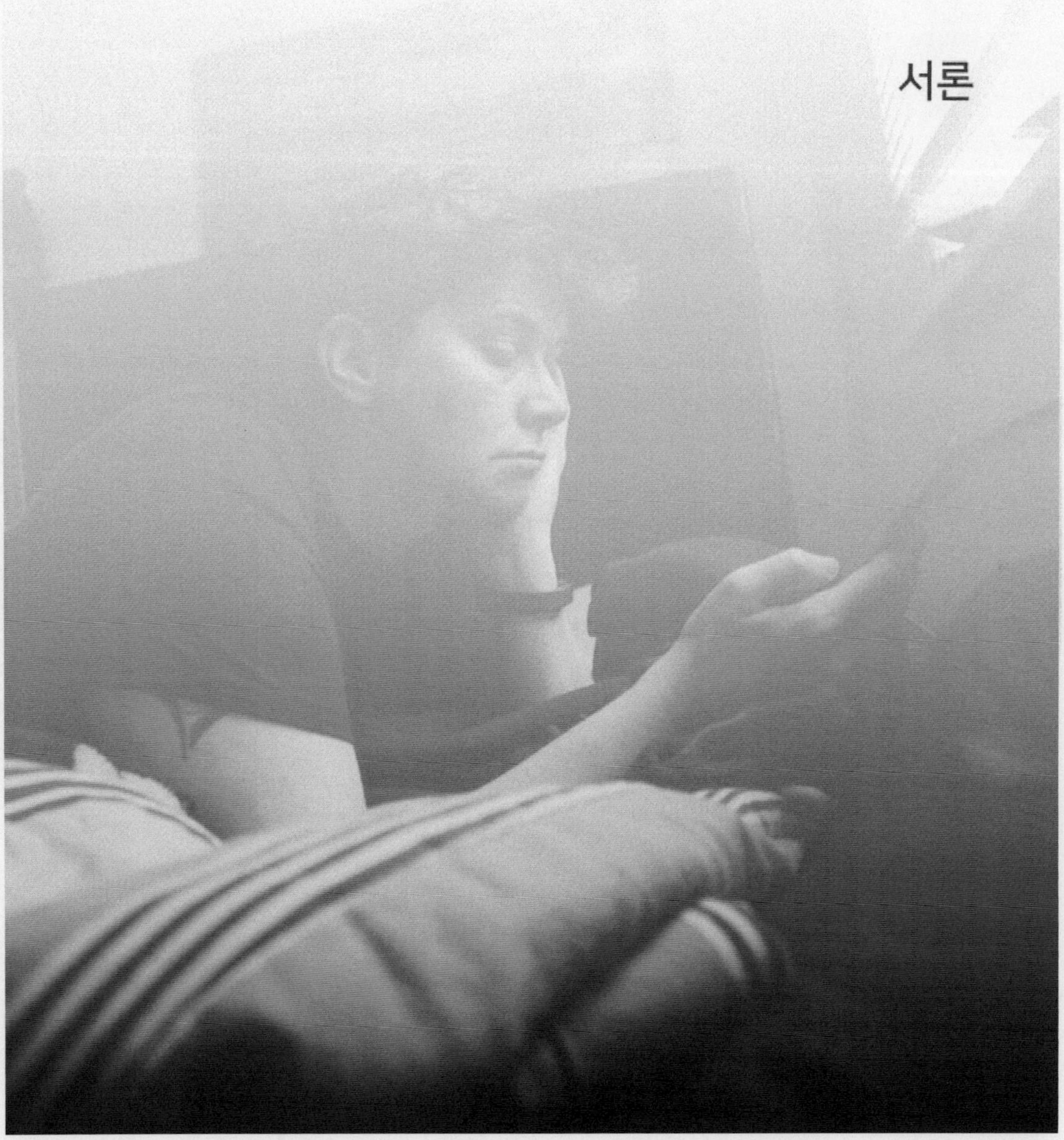

I. 서론

‘1인 가구’는 1인이 독립적으로 취침, 취사 등의 생계를 유지하는 가구를 말한다. 통계청은 이런 내용이 담긴 ‘장래가구추계(2020~2050년)’을 발표했다. 통계청에 따르면 2020년 기준 국내 가구 유형은 1인가구가 31.2%로 가장 많고 그 뒤를 부부+자녀가구(29.3%)와 부부가구(16.8%) 등이 따랐다. 30년 후인 2050년이 되면 1인가구는 39.6%로 비중이 더 커지고, 부부가구(23.3%)와 부부+자녀가구(17.1%)의 순위는 뒤바뀔 예정이다. 가구원수가 적을수록 전체에서 차지하는 비중이 점점 확대되는 것이다.[1)]

1인 가구 증가의 이유는 먼저 ‘저 출산’과 ‘고령화’ 추세가 이어지면서 전통적 가족관계의 형태가 급속도로 해체되고 있기 때문이며 또한 ‘라이프스타일’에 대한 사회 전반적 인식 변화의 이유도 있다. 과거와는 달리, ‘나 홀로’ 사는 삶에 대한 인식이 비교적 유연해진 것이다.

이처럼 나 홀로 사는 라이프스타일이 사회 전반적으로 퍼지면서 이들에 대한 용어 또한 매우 다양해졌다. 사전적 의미의 ‘1인 가구’부터 시작해서 ‘싱글족’, ‘나 홀로족’, ‘혼족’, ‘1인 체제’ 등 새로운 단어가 계속 생겨나고 있다.

이들이 점차 사회의 중심축으로 성장하고 있는 가운데 이들의 소비트렌드를 일컫는 ‘솔로이코노미’라는 용어도 등장했다. 1인 가구는 이제 소비시장에서 파워 컨슈머로 자리 잡고 있다. 이처럼 1인 가구의 라이프스타일과 소비트렌드가 맞물려 하나의 ‘싱글 문화’가 형성되고 있는 것이다.

하지만 ‘1인 가구’라고 해서 모두가 화려한 생활을 즐기는 것은 아니다. 같은 카테고리 안에서도 삶의 형태에 따라 의미가 달라진다. ‘화려한 싱글족’도 있는가하면 생활유지가 빠듯한 ‘청년 1인 가구’도 있고, 부분적으로 부모님께 도움을 받고 있는 ‘캥거루족’ 유형도 있다.

따라서 본 보고서에서는 1인 가구의 소비형태만 언급하기보다 전반적인 ‘라이프스타일’을 중점적으로 다루고자 한다. 이를 <싱글라이프와 소비트렌드>라고 통합했고, 소비와 연관된 영역뿐 아니라 인간관계, 자립, 결혼에 대한 주제들을 풀어냈다. 또한 1인 가구들이 공동체를 형성해 활동하고 있는 사례들도 소개하고자 한다.

---

1) 조선Biz ‘젊음의 나혼자 산다? 2050년엔 1인가구 43%가 70대 이상’

02

1인 가구의 증가 추이

II. 1인 가구의 증가 추이

1. 1인 가구의 증가 추이

< 총가구 및 가구증가율, 2000-2050 >

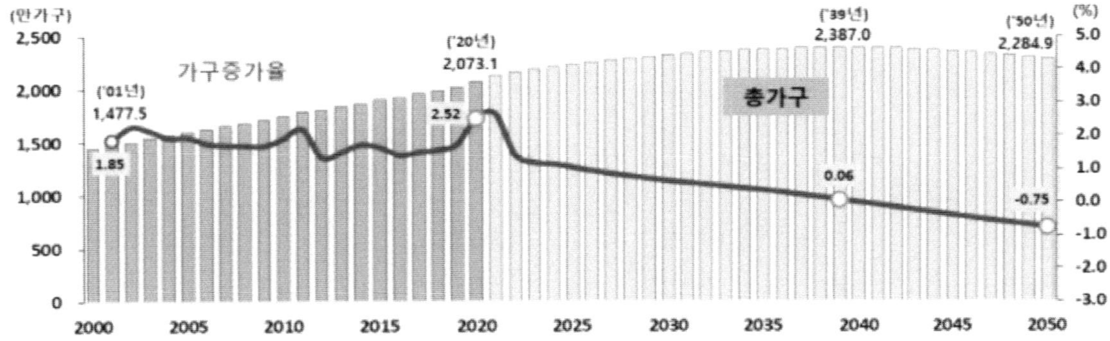

그림 3 총가구 및 가구증가율, 2000-2050

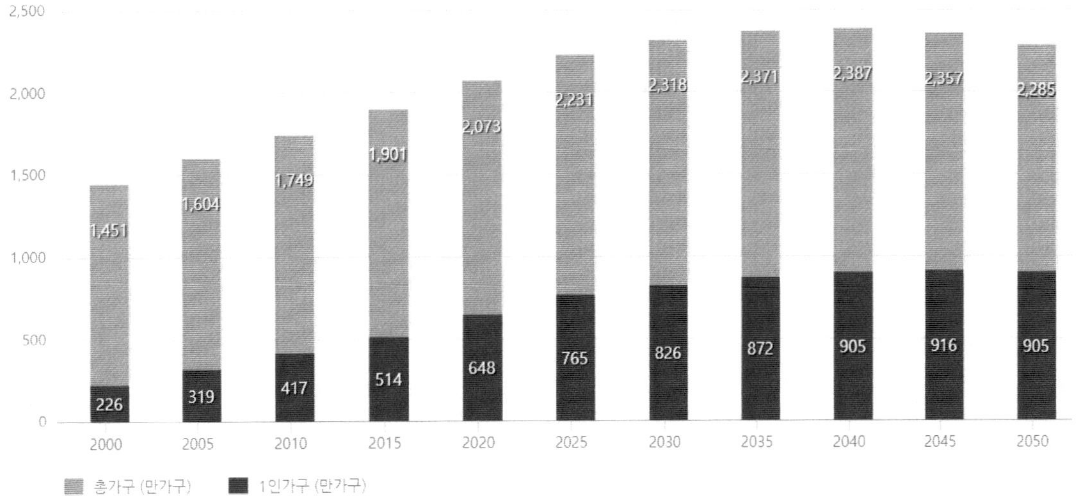

그림 4 총가구와 1인가구

2) '1인 가구'는 **1인이 독립적으로 취침, 취사 등의 생계를 유지하는 가구**를 말한다. 통계청이 발표한 '장래가구 추계'자료를 보면, 2020년 총 가구는 2,073만 1천 가구에서 2039년 2,387만 가구까지 증가한 후 감소, 2050년에는 2,284만 9천 가구에 이를 전망이다.

2) 통계청, 장래가구추계: 2020~2050년

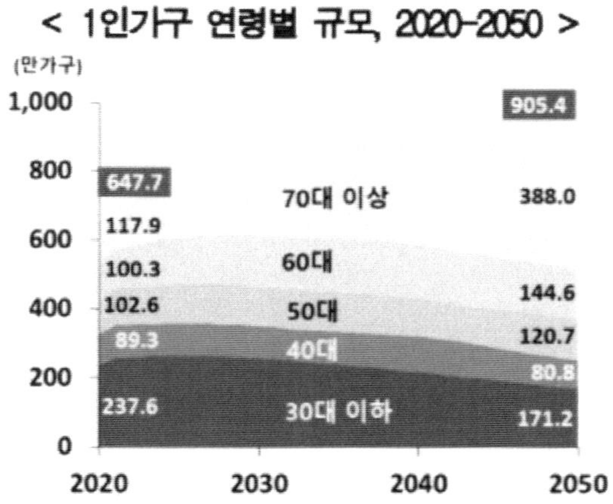

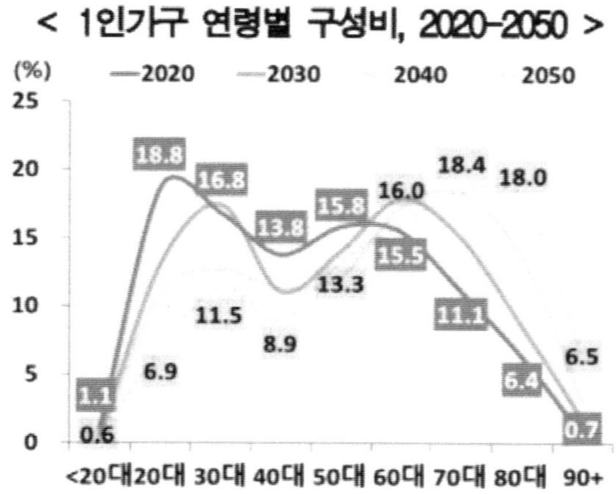

그림 5 1인 가구 연령별 규모, 2020-2050 그림 6 1인 가구 연령별 구성비, 2020-2050

2020년 전체 가구 중 1인 가구 비중은 31.2%(647만 7천 가구)에서 2050년 39.6%(905만 4천 가구)로 8.4%(257만 7천 가구) 증가할 전망이다.

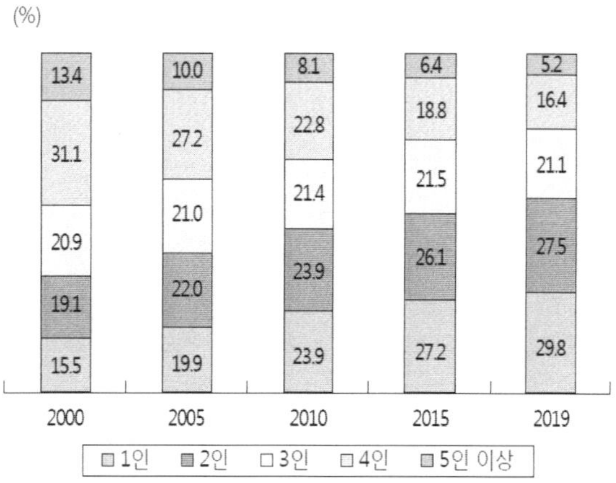

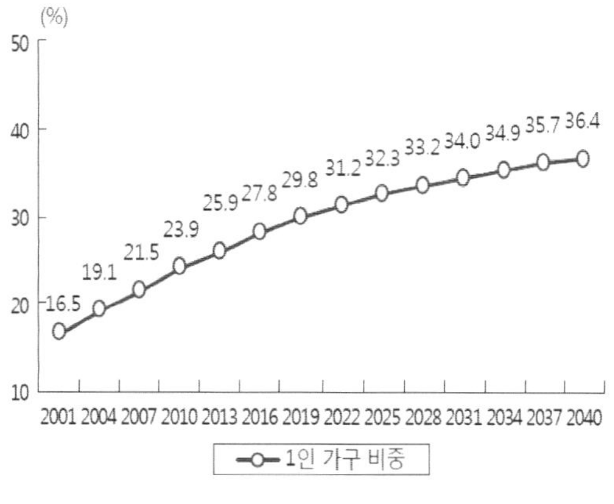

그림7 1인 가구 비중 추이
그림8 가구원수별 비중

전체 가구 중 30% 이상을 차지하는 1인 가구는 가구 유형 중에서도 가장 큰 비중을 차지하게 되어, 이제는 일반적인 형태로 자리 잡은 지 오래이다.

2020년 1인 가구 중 30대 이하의 비중이 36.7%(237만 6천 가구)로 가장 높으나, 2050년에는 70대 이상이 42.9%(388만 가구)로 가장 많은 비중을 차지할 전망이다.

3)다음의 통계에 따르면 1인 가구의 구성비는 2000년 기준 15.5%에서 2019년에는 약 2배 수준인 29.6%로 증가하였다. 그 결과, 2015년부터는 1인 가구가 2인 가구를 제치고 제1의 가구 형태가 되었다.

2. 해외사례 주요국 1인 가구 증가 추세

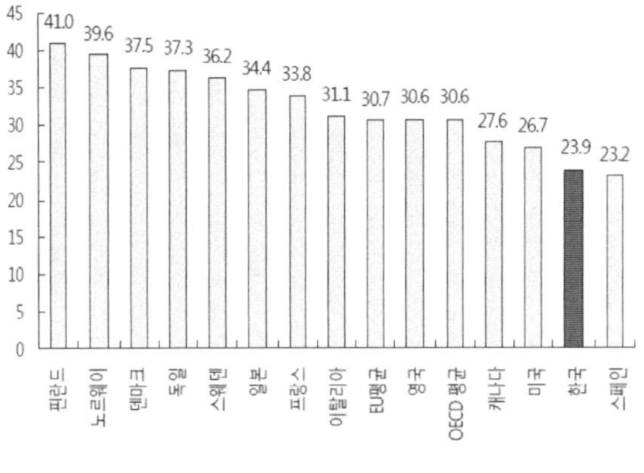

그림 9 2015년 주요국 1인 가구 비중

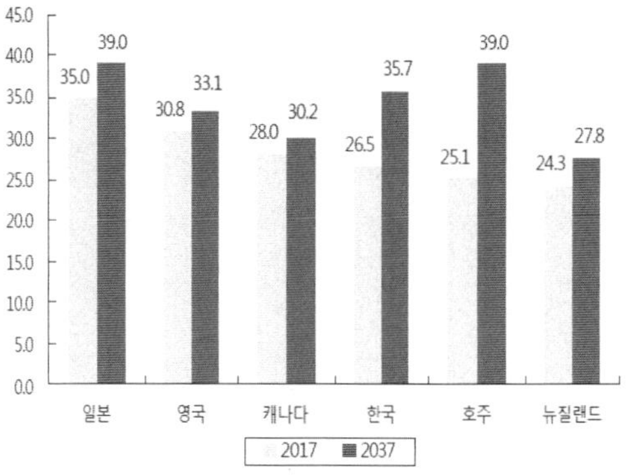

그림 10 주요국 1인 가구 구성비 전망

1인 가구의 증가는 대부분 선진국에서 나타나는 일반적인 현상이다. 한국은 2017년 기준 25.1%에서 2037년 39.0%으로 1인 가구 구성비의 높은 증가가 예상된다.

3) 성창훈. (2020). 1인 가구의 증가와 정책대응. KIET 산업경제.

3. 1인 가구의 증가 이유

1인 가구 증가의 이유는 첫째로, **'저 출산'** 과 **'고령화'** 추세가 이어지면서 전통적 의미의 가족관계가 급속도로 해체되고 있기 때문이다.

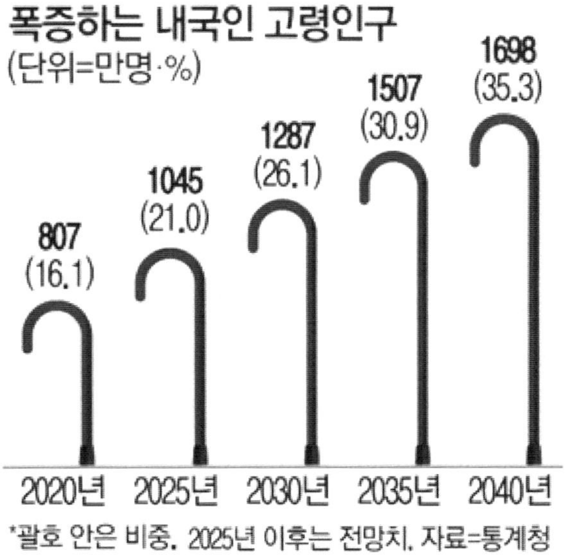

그림 11 고령인구 전망

현재 추세대로라면 3년 뒤 내국인 고령인구가 1000만명을 돌파할 것이라는 전망이 나왔다. 이때는 고령인구 비율도 20% 선을 뛰어넘을 것으로 관측된다. 이대로라면 한국은 2025년 초고령사회에 진입하게 된다.

통계청이 14일 발표한 '2021년 장래인구추계를 반영한 내·외국인 인구 전망'에 따르면 내국인 가운데 만 65세 이상인 고령인구는 2020년 기준 807만 명에서 2025년 1045만 명으로 치솟을 것으로 보인다. 내국인 고령인구는 2030년 1287만 명에 이어 2040년에는 1698만 명으로 급증할 것으로 예상된다. 향후 약 20년 동안 '고령 내국인'은 두 배 넘게 늘어난다는 계산이 나온다. 비율로 따져 봐도 고령인구는 빠르게 불어날 전망이다. 전체 내국인 중 고령인구 비중은 2020년 16.1%였지만 2025년에는 20%를 넘고, 2035년에는 30%를 넘을 것으로 예측된다.

반면 저 출산 추세에 따라 65세 미만인 '일하는 사람'은 급속도로 줄어들 전망이다. 내국인 생산연령인구(15~64세)는 2020년 3583만 명에서 2040년 2676만 명으로 추락할 것으로 예상된다. 약 20년 뒤면 노동인구가 지금의 4분의 3 수준으로 쪼그라드는 것이다. 내국인 가운데 생산연령인구 비중은 71.5%에서 55.7%로 낮아질 것으로 예측된다. 반대로 고령인구 비중은 16.1%에서 35.3%로 뛸 전망이다.[4)]

4) 매일경제 '3년 후 65세 이상 1000만명 무서운 속도로 늙는 대한민국'

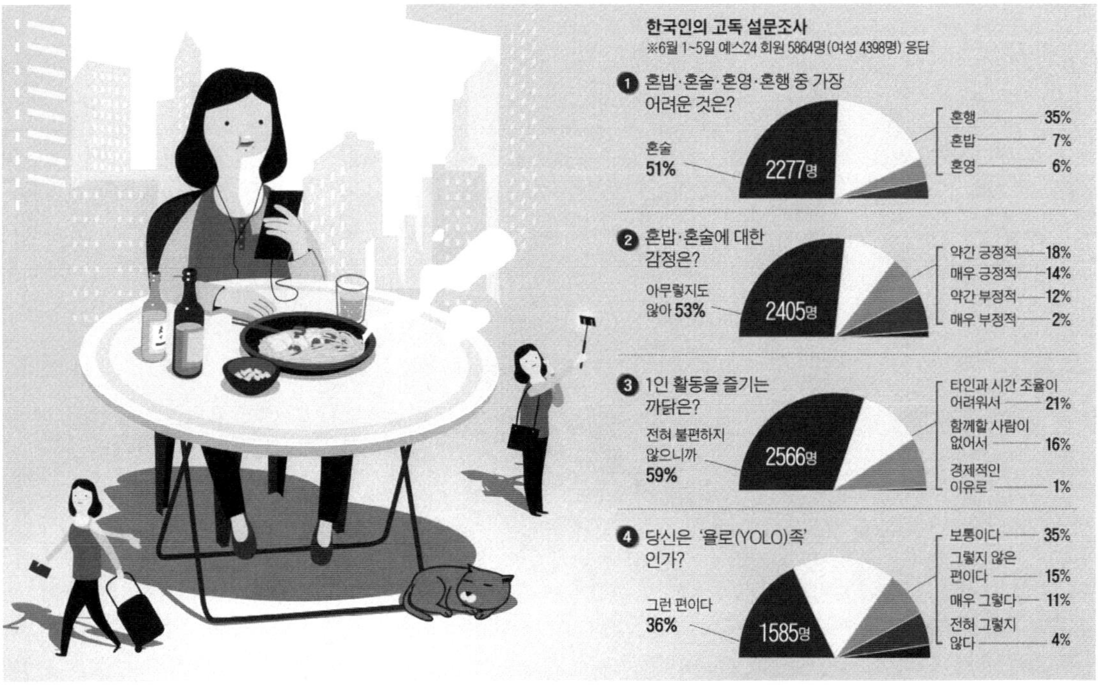

그림 12 한국인의 고독 설문조사

둘째로, **라이프스타일에 대한 사회 전반적 인식의 변화** 또한 이유로 들 수 있다. 1인 가구가 늘어나기 시작한 2010년대부터 사용되기 시작한 신조어로 '혼족'이라는 단어가 있다. '혼자'라는 단어와, 공통된 생활양식을 지닌 사람들이라는 뜻의 '족'을 합쳐서 만든 신조어다.

이와 같은 '혼족'은 혼자 밥을 먹거나 쇼핑과 여가생활을 즐기며 여행도 홀로 떠나는 등 혼자 활동하는 라이프스타일을 가졌다. 어쩔 수 없이 혼자 사는 1인 가구와는 상이한 개념이라고 할 수 있다.5)

예스24에서 진행한 '한국인의 고독 설문조사'에서 집 밖에서 혼밥을 얼마나 자주 하느냐는 질문에는 '주 3회 이상'(1201명·20%)이라는 답이 가장 많았다. '주당 1~2회'와 '매월 1~2회'가 각각 18%로 뒤를 이었고 '해본 적 없다'가 20%였다. 또 2152명(48%)은 '최근 1년 사이 혼자 영화를 본 적이 있다'고 했다. '최근 1년 사이 혼자 여행을 간 적이 있다'는 응답자는 853명(19%)으로 높지 않았다. 집 밖에서 혼술은 '해본 적 없다'가 4512명(77%), '연간 1~2회'가 9%, '월간 1~2회'가 6%로 나타났다. 혼자 술집에 가려면 용기가 필요하다는 뜻이다.

5) 혼밥·혼영 나홀로 삶 즐기는 이유? 전혀 불편하지 않으니까!/조선일보

혼술·혼밥에 대한 감정은 나쁘지 않았다. '매우 긍정적이다'가 14%, '약간 긍정적이다'가 18%, '아무렇지도 않다'가 53%, '약간 부정적이다'가 12%, '매우 부정적이다'가 2%였다. 혼자 영화 볼 때의 기분은 '긍정적'이라는 응답이 57%로 '부정적'(8%)을 크게 웃돌았다. 나 홀로 여행도 '긍정적이다'(43%)가 '부정적이다'(13%)보다 높았다. 최근 1년 사이 못 해봤을 뿐, 해볼 의향이 있다는 것이다.

또한 이런 1인 활동을 즐기는 이유로는 '전혀 불편하지 않으니까'(59%), '타인과 시간 조율이 어려워서'(21%), '함께할 사람이 없어서'(16%)가 1~3위로 조사됐다. 혼밥·혼술·혼영·혼행에 대해 20대는 더 열려 있었고 40대는 좀 조심스러워했다. 예컨대 혼자 영화 본 적이 있느냐는 질문에 '있다'고 답한 응답자는 20대가 67%인 반면 40대는 44%로 낮아졌다. 나 홀로 영화에 대한 감정도 '매우 긍정적이다'가 20대는 52%에 달했지만 40대는 절반 수준(29%)에 그쳤다.

이렇듯 혼자 활동하는 라이프스타일에 대한 '긍정적·적극적 이유'는 '편하고, 나 자신에게 조금 더 집중할 수 있기 때문'이며, 사회 전반적으로 고독이 꼭 부정적인 것이 아니라 때론 필요하고 즐길 수도 있다는 인식이 퍼지고 있기 때문이다.

반면 '부정적 이유'도 있는데, 최근 생겨난 신조어 '관태기'라는 단어에서 그 양상을 볼 수 있다. '관태기'란 '관계'와 '권태기'가 합쳐져 만들어진 신조어다. 극심한 경쟁과 취업난·생활고 등으로 스트레스가 가중되면서 인간관계 자체를 포기하는 청년들이 늘고 있다. 관태기를 느끼고 있는 청년들은 불필요한 인간관계를 유지하기 위해 노력하는 것을 꺼려하고, 또한 새로운 관계의 필요성을 느끼지 못한다.[6]

연애, 결혼, 꿈, 희망, 인간관계 등을 포기하는 이른바 'N포세대', '헬조선' 등 암담한 상황을 온 몸으로 겪고 있는 한국 청년들의 상황과 연결되는 양상이라고 할 수 있다.

대학내일20대연구소가 20대 남녀 643명을 대상으로 조사한 '관태기를 겪고 있는 20대의 인간관계 인식 및 실태'에 따르면 '처음 만났거나 그리 친하지 않은 사람들과의 만남을 의도적으로 피한 적 있다(50.1%)', '대화가 끊겼을 때 불안감을 느낀다(41.7%)'라고 응답했다.

이렇듯 '혼족'의 증가는 삶의 가치관 변화와 달라진 현대 라이프스타일 방식의 이유도 있지만, 한국의 팍팍하고 여유 없는 삶을 보여주는 어두운 측면도 포함되는 것이다.

---

6) '사람이 귀찮고 혼자이고 싶다' '관태기' 앓는 20대/이데일리

4. 1인 가구와 사회적 고립

7)사회적 고립(Social isolation)은 인간을 포함한 사회적 동물이 포함된 사회, 인간관계에 참여하지 않고 고립되는 것이다. 집단에 속해 있지 않고 고립되며 소외되어 있다고 느낀다. 집단으로 어울리기를 피하고 혼자 하는 활동에 몰입한다.

사회적 고립은 연령대마다 증상은 다르지만 모든 연령대에서 나타날 수 있는 문제이다. 사회적 고립은 일시적인 것일 수도 있지만, 고립 주기가 오래 지속되는 경우도 있다. 사회적 고립을 겪는 사람은 집안에 오래 머물러 있거나 의사소통이 없고, 사람을 만날 기회가 생겨도 자발적으로 회피한다.

8)서울연구원에서 서울시 거주 1인가구 3,079가구(여성 1,635가구, 남성 1,444가구)를 대상으로 서울시 1인가구 실태 및 욕구 파악을 위한 설문구성 및 대면조사를 시행했다. 그중 사회적 고립에 관한 내용이다.

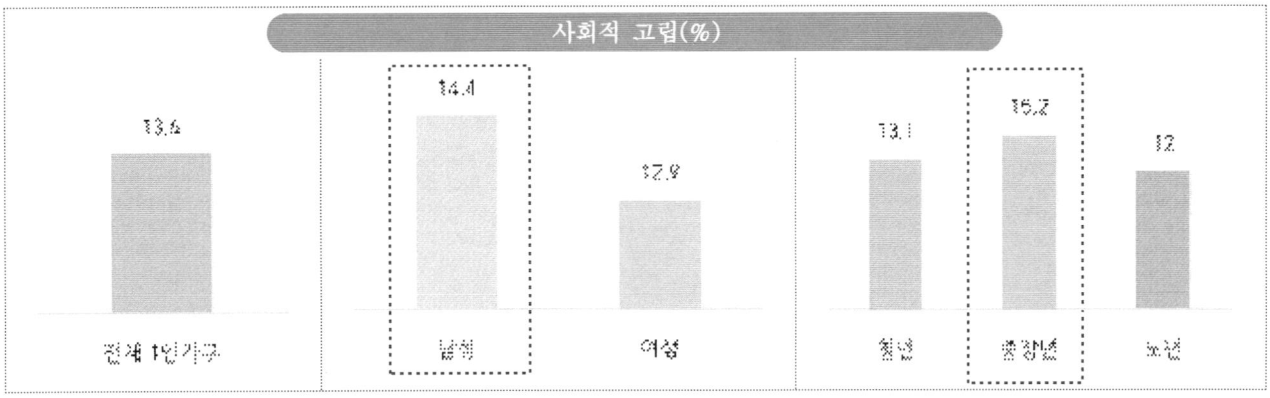

표 1 1인가구의 사회적 고립

1인가구 평균의 13.6%가 사회적으로 고립되어 있고, 남성 1인가구 14.4%와 중장년 1인가구 15.2%의 사회적 고립 비율이 상대적으로 높다.

---

7) 사회적 고립의 개념/위키백과
8) 서울시 1인가구 실태조사 보고서 요약/서울연구원(2022.5.10.)

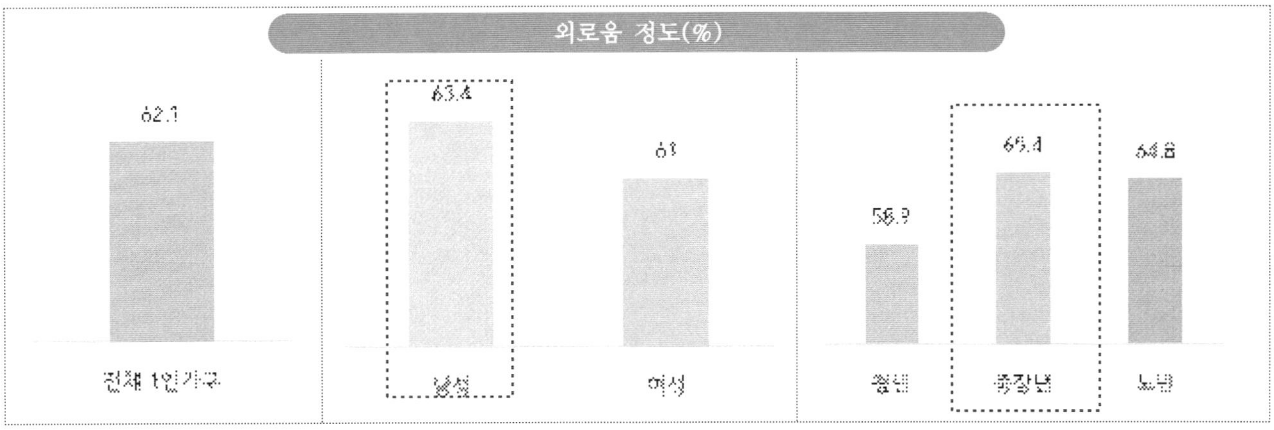

표 2 1인가구의 외로움 정도

1인가구의 62.1%가 외롭다고 인식하고 있으며, 남성 1인가구(63.4%)와 중장년 1인가구(65.4%)의 외로움 비율이 상대적으로 높은 것으로 나타난다.

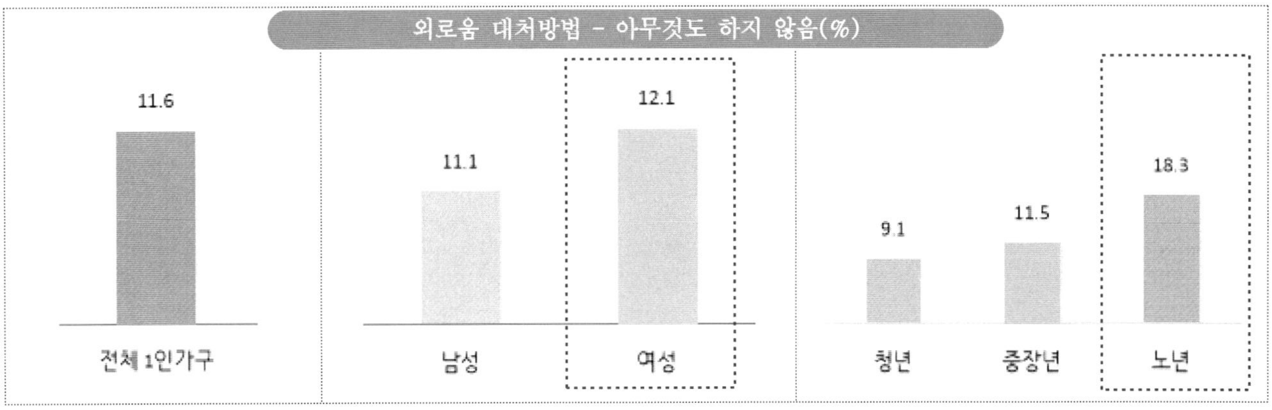

표 3 1인가구의 외로움 대처방법

1인가구의 11.6%는 외롭다고 느껴도 아무것도 하지 않으며, 아무것도 하지 않는다는 비율은 여성 1인가구와 노년 1인가구가 높은 편이다.

1인가구의 13.6%가 사회적으로 고립되어 있으며, 62.1%가 외롭다고 인식한다는 것을 확인했다.

5. 1인 체제의 등장

시장 조사 전문 기업 마크로밀 엠브레인은 최근 트렌드 중 하나로 '1인 체제'를 언급했다. 단순한 1인 가구의 확산을 넘어 이제는 일상생활을 나 홀로 보내는 것을 선호하는 현상이 더욱 뚜렷해져 '1인 체제'를 이룰 것이라는 전망이다.

이러한 '1인 체제'는 어쩔 수 없는 상황 때문이 아니라 자신의 선택에 의해 혼자 밥을 먹고, 커피를 마시고, 영화를 보고, 여행을 간다. 심지어 법률소송 등 각종 전문적인 영역에서조차 스스로 판단하려는 성향이 강해진다. 이는 한국사회에 대한 국민의 신뢰도가 낮아지고, 전문가 집단에 대한 불신이 강해졌기 때문이라는 분석이다. 따라서 정보를 스스로 찾는 습관이 일상화됨과 동시에 소비자들은 정보의 진위여부를 직접 판단하게 된다.

이와 함께 현대 소비자들 사이에서 인기를 끌고 있는 YOLO(You Only Live Once)의 의미도 확장될 것이라고 내다봤다. 즉시적 만족감을 추구하는 경향을 넘어서서 개인의 경험을 확장하는 차원으로 나아가고 있는 것이다.

또한 인간관계에도 변화가 생기는데, 이제는 막연한 친목 목적이 아닌 개인의 관심사를 위주로 뚜렷한 목적과 초점을 둔 철저하게 개인화된 형태의 사회성을 추구할 것이라는 예측이다. 타인에 대한 막연한 관심은 점점 더 낮아질 것이며, 타인과의 관계에서 생각의 차이가 있다면 과도하게 상대방을 설득하려 하거나 생각을 바꾸려는 감정적 노력을 최소화할 것이라고 덧붙였다.

엠브레인은 최근 사람들이 '혼밥'을 선호하게 된 이유 중 하나도 자신의 식사와 관련된 취향이나 상황을 타인에게 맞추고 싶어 하지 않기 때문이라고 분석한다.

이러한 인간관계 변화의 배경에는 '스마트폰'이 주된 이유로 자리 잡고 있다. 스마트폰과 대화하는 이들은 타인과의 관계가 필요 없게 되고 친목 도모에도 관심이 없다. 사람에 대해 궁금해 하지 않으니 질문조차 하지 않으며, 오로지 공통의 콘텐츠가 있을 때에만 사람과의 관계를 맺게 되는 것이다.

또한 타인의 눈을 의식하지 않고 본인 위주의 소비를 하는 경향이 높은 1인 체제의 사람들은 남에게 자신의 뛰어난 스펙을 드러내려고 하지 않는다. 따라서 소셜 미디어에서 보이는 명품 백이나 고가의 차에 대한 관심이 없으며 본인의 취향에 맞는 실속형 제품을 구매하길 원한다.

이런 사람들이 늘어감에 따라 호화로움을 강조하는 명품 브랜드들은 저성장을 보일 것이며 오히려 원활한 인터넷과 풍성한 콘텐츠를 즐길 수 있는 멀티미디어 기기와 모바일 기기에 대한 니즈는 높아질 것으로 보인다. 더불어 직업의 형태도 물리적으로 모여 일하는 것보다 재택근무가 많아질 것이라는 예측이다. [9][10][11]

9) 1인 가구에서 1인체제로 2018 트렌드 방향은? /데일리팝
10) 2018 대한민국 트렌드, 1인체제 집중조명/싱글리스트
11) 2018년 트렌드, 1인 체제/흥디자인

03

싱글라이프와 소비트렌드

III. 싱글라이프와 소비트렌드

1. 솔로이코노미

1) 솔로이코노미란[12]

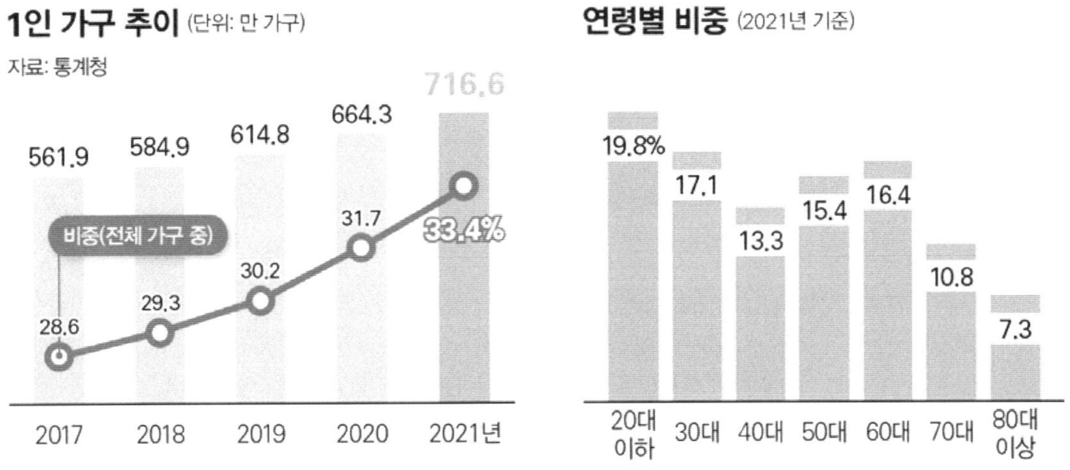

그림 32 1인 가구 증가 및 연령별 분포

'솔로이코노미(solo economy)'는 **1인 가구의 소비문화**를 일컫는다. 1인 가구가 증가하면서 이들의 소비가 하나의 문화를 형성했고, 이에 따라 1인 가구를 겨냥한 마케팅, 상품개발이 활발히 이루어지고 있기 때문이다.

또한 이러한 솔로이코노미는 세계적인 흐름으로 자리 잡고 있다. 미국 통계청의 조사에 따르면 1950년 미국 성인 인구들 가운데 60대 이상 노인을 포함한 독신 인구는 22%대에 불과했다. 그러나 2012년에 이르자 독신 인구는 50% 이상, 전체 미국 인구 7명 중 1명에 해당하는 3100만 명 규모로 증가했다.

솔로이코노미의 주체는 주로 20~30대 청년층이었지만, 여러 이유들로 이전에는 고려되지 않았던 '40대 이상 미혼 인구' 혹은 '60대 이상 독거노인 인구'들도 강한 경제력을 지닌 소비의 주체들로 대두되기 시작했다. 따라서 지금의 솔로 이코노미는 20~30대 싱글에서부터 시작해 60대 이상까지도 아우를 수 있는 개념으로 확장되었다고 볼 수 있다.

12) 시사저널 '나 혼자 산다 1인가구, 700만 넘었다'

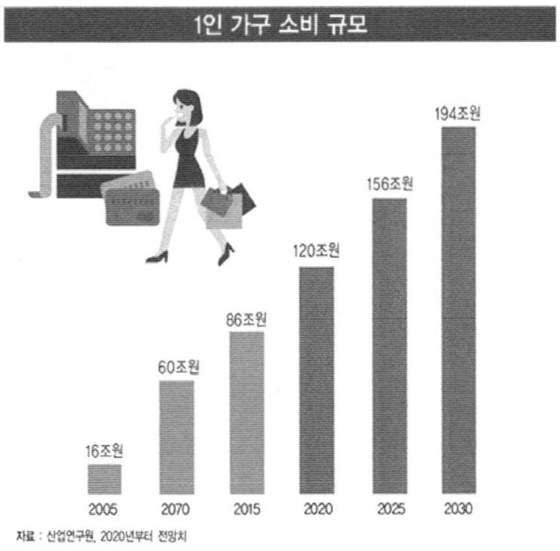

그림 33 1인 가구 소비규모(2005년 -2030년)

	1인 가구	고령부부 가구
평균 연령	47.7세	73.3세
월평균 처분가능소득	190만원	205만1000원
월평균 소비지출액	135만9000원	149만6000원
평균 소비성향(%)	71.5	72.9

자료: 통계청

그림 34 2020년 소비성향 높은 가구 현황

한편, 미국·유럽·일본 등지에서 1인 가구들이 새로운 소비시장을 형성하자 식품, 주택, 소형 가전 등 관련 산업은 그들에게 최적화된 제품을 집중적으로 출시하기 시작했다. 그러한 가운데 의식주 중 거주의 문제가 우선적으로 대두되면서 주택 시장이 가장 먼저 발전하고 식품 및 서비스 시장 등이 성장하는 흐름을 보였다. 우리나라에 전해진 솔로 이코노미의 흐름은 미국·유럽에서 나타났던 소비 트렌드 그리고 장기적 경기침체를 겪었던 일본의 모습이 합쳐진 형태에 가깝다.[13]

1인 가구와 고령 부부가구의 '소비성향'이 다른 가구보다 상대적으로 높은 것으로 나타났다. 전체 가구원 수별로 소비를 가장 적게 하고 저축을 많이 하는 가구는 3인 가구였다.[14]

대학내일20대연구소가 '1인 가구 라이프스타일'을 조사한 결과에 따르면, 20대 1인 가구의 가치소비 의향은 4.63점(7점 만점)으로 나타나 20대 다인 가구(4.41점)보다 자신의 행복을 위해 더 소비하고자 하는 경향을 보였다. 다만 30대 1인 가구의 가치소비 의향은 4.36점에 그쳤고, 30대 다인 가구는 4.34점으로 조사 대상 중 가장 낮게 집계됐다. 하지만 20대 1인 가구가 느끼는 소비부담 정도는 4.07점으로 나타나 20대 다인 가구(3.92점)보다 높았다.

13) 솔로이코노미, 문화가 되다/이코노믹리뷰
14) 경향신문 '고령부부와 1인 가구 소비성향이 높게나온 이유는 통계청 벌이 넉넉해서가 아닌 저축 못하고 다써서'

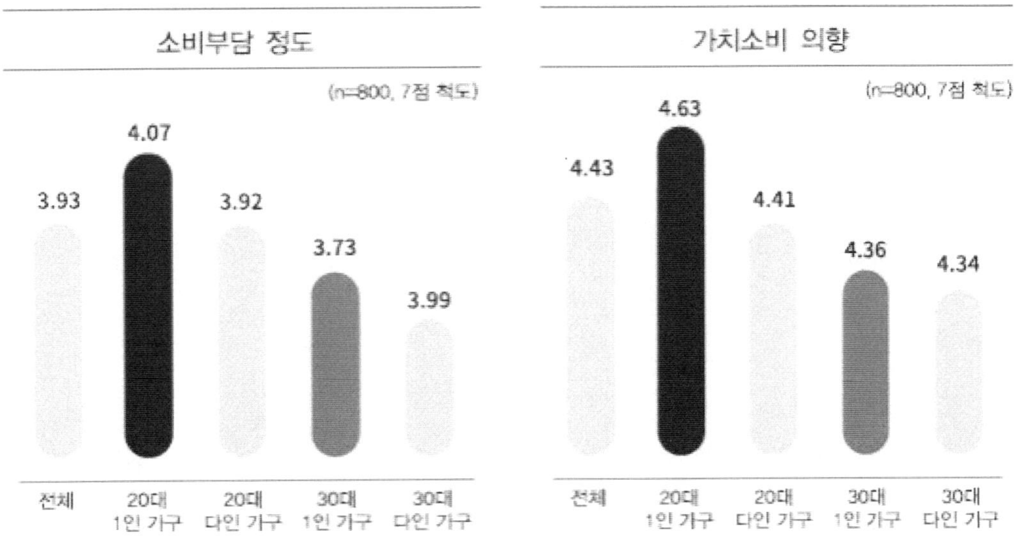

▲ ⓒ 대학내일20대연구소

그림 35 1인 가구와 다인 가구의 가치소비의향과 소비부담정도

소비에 대한 부담감 때문이었는지, 1인 가구는 셀프인테리어에 대해서도 소극적인 반응을 보였다. 방을 꾸미기 위해 정보를 찾아본 20대 1인 가구는 4.46점에 그쳐 20대 다인 가구(4.56점)보다 낮았다. 30대 1인 가구는 이보다 더 낮은 4.45점을 기록했다. 반면 30대 다인 가구는 4.96점으로 비교적 높게 나타났다.

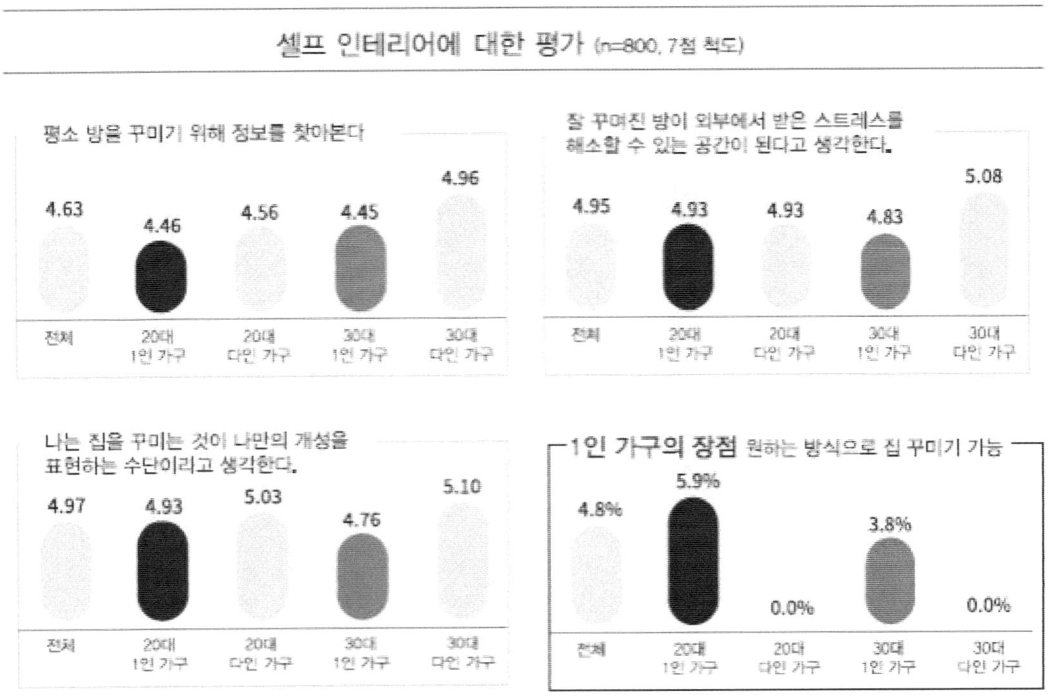

그림 36 1인 가구와 다인 가구의 셀프 인테리어에 대한 평가

또한 나 홀로 여행을 떠나는 이들이 모두 1인 가구라고 규정할 수는 없다. 실제로 20대 1인 가구의 국내여행 경험은 71.4%로 나타난 반면 20대 다인 가구는 78.2%였으며, 30대 1인 가구(77.1%)도 30대 다인 가구(80.3%)보다 국내여행 경험은 적었다. 해외여행도 마찬가지다. 20대 1인 가구의 해외여행 경험은 41.7%였지만 20대 다인 가구는 48.9%로 나타났으며, 30대 1인 가구도 42.2%로 30대 다인 가구(50.4%)보다 적게 나타났다.

어려운 일이 생겼을 때 가족에게 의지한다는 응답 또한 20·30대 1인 가구가 4.07점, 3.68점에 그친 반면 다인 가구는 4.40점, 4.71점으로 높았다. 반대로 가족 중 누군가 어려운 일이 생겼을 때 도움을 준다는 비율도 20·30대 1인 가구가 4.77점, 4.55점인 반면 다인 가구는 5.00점, 4.98점으로 큰 차이를 보였다.

또 친지관계가 동료 관계보다 중요하다는 생각하는 비중 또한 20·30대 1인 가구가 4.11점, 4.20점인 반면 다인 가구는 4.58점, 4.60점을 보이며 가족과 함께 지내지 않는 1인 가구가 보다 실용주의적 가족가치관을 지니고 있다고 추측할 수 있다.

(단위: %)

구분	소득									지출					
	시장소득			경상소득			가처분소득			소비지출			가계지출		
	중위 40%	중위 50%	중위 60%	중위 40%	중위 50%	중위 60%	중위 40%	중위 50%	중위 60%	중위 40%	중위 50%	중위 60%	중위 40%	중위 50%	중위 60%
2016	52.0	58.8	64.8	45.7	54.9	61.9	44.2	54.0	61.1	28.2	39.3	48.9	35.9	45.2	52.6
2017	51.7	58.5	63.2	45.0	53.7	59.9	42.9	52.1	58.6	26.7	37.3	46.9	34.4	43.7	52.5
2018	51.9	58.9	64.3	45.0	54.1	60.9	43.1	52.7	59.6	26.9	38.6	48.6	35.2	45.3	53.5
2019	53.1	59.6	64.7	44.2	53.9	61.0	41.7	51.8	59.3	24.2	36.1	47.5	33.2	43.7	53.4

주: 가계금융복지조사는 전가구에 농업, 임업 및 어업 포함됨.
자료: 통계청, 가계금융복지조사 원자료. 각 연도.

그림 37 1인가구 빈곤율(중위 소득·지출)/2021년 빈곤통계연보/한국보건사회연구원

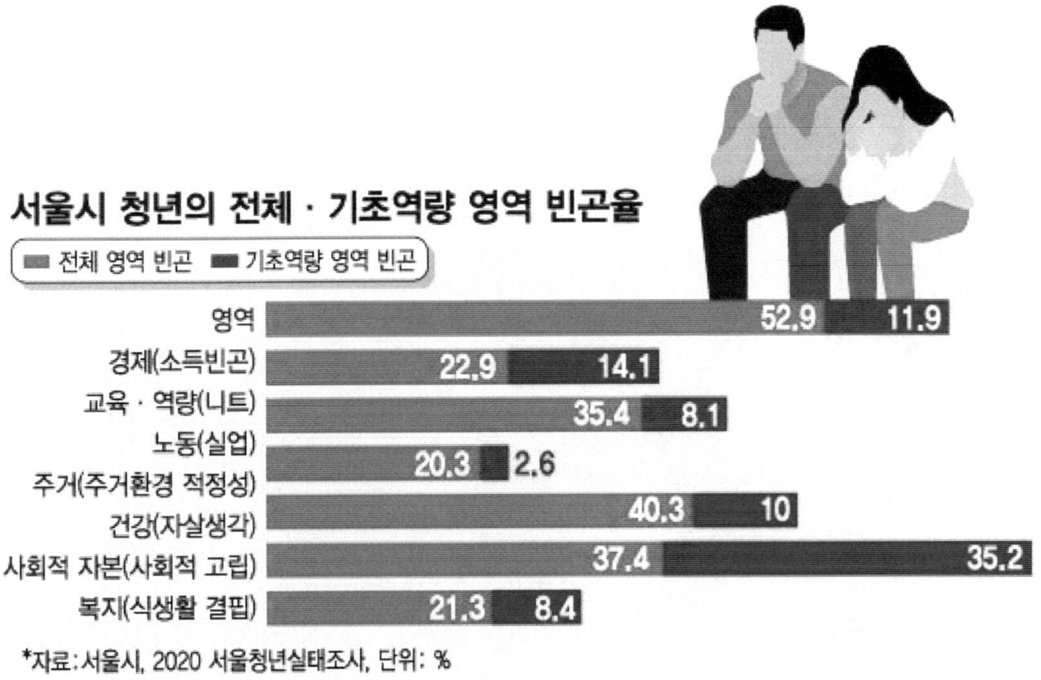

그림 38 서울시 청년 빈곤율

이와 같이 **'청년층 1인 가구'는 화려한 솔로이코노미에 가려진 싱글라이프의 또 다른 단면**이다. 따라서 청년층 1인 가구의 빈곤문제가 사회적 이슈로 등장한 가운데, 경제적 독립을 회피하는 층도 늘고 있어 대책 마련이 시급하다는 지적도 나왔다.

우리나라 청년(19~34세) 중에서도 빈곤이 가장 심각한 층은 1인 가구다. 1인 가구라면 부모로부터 주거를 독립해 사는 경우를 말한다. 이들은 미취업 상태이거나 알바 혹은 비정규직 취업을 통해 소득이 낮지만 주거 유지를 위해 비싼 월세나 전세금을 감당해야 하는 까닭에 빈곤 가능성은 높아진다.

서울 청년의 경제 영역 빈곤율은 52.9%로 7개 영역 중 제일 높았다. 건강 40.3%, 사회적 자본 37.4%, 노동 35.4%, 교육·역량 22.9%, 복지 21.3%, 주거 20.3% 순이었다. 기초역량 빈곤과 중복 빈곤율은 경제보다는 비경제적 영역에서 더 높게 나타났다. 실업, 비적정주거, 니트 청년이 다른 영역에서도 빈곤 상태로 이어질 가능성이 높다는 걸 의미한다.

식생활 결핍 등 복지 영역에서 빈곤을 겪는 청년의 84.2%가 3개 이상 중복 빈곤상태였다. 교육·역량, 주거, 건강, 노동 영역에서 빈곤을 겪는 청년의 경우에도 중복 빈곤율이 70% 이상이었다. 성별, 연령에 따라서 취약 분야에 차이가 있었다. 남성은 사회적 자본, 여성은 건강 빈곤율이 높았다. 20대는 경제와 주거에서 30대는 사회적 자본과 복지에서 빈곤 위험이 컸다.

특히 거주형태에 따라서 빈곤 위험 영역 차이가 두드러졌다. 서울에서 성장하고 부모에게서 독립하지 않은 청년은 노동과 교육·역량 영역 빈곤율이 높았다. 여기서 부모가 저소득일 경우 7개 영역 빈곤율이 더 높았다. 청년 1인가구는 복지, 사회적 자본에서 빈곤 위험이 컸고 경제 영역 빈곤은 부모동거 가구보다는 낮았다.

전국 청년의 빈곤율은 감소했는데 서울 청년의 경우 오히려 증가했다. 1개 이상 영역 빈곤율은 2010년 76.7%에서 2019년 92.0%로 늘었다. 한 예로 서울 청년의 순자산 빈곤율은 2010년 45.5%에서 2019년 57.6%으로 12.1%포인트 증가했는데 전국 청년(6.5%포인트)의 2배 가까이 됐다.

청년의 생애주기와 이행기 등 특성을 반영한 맞춤형 청년정책이 필요하다는 지적이 나온다. 서울연구원은 연구서에서 "전통적인 빈곤 측정 방식인 '소득'으로는 빈곤 위험이 과소추정될 수 있다"며 부모동거 여부, 순자산 빈곤율 등을 다양한 관점을 고려해 정책 접근을 해야한다고 제언했다.15)

〈표 Ⅳ-40〉 전반적인 생활수준

(단위: %, 명)

		사례수 (명)	최하층	하층	중간층	상층	최상층
전체		2,000	9.5	45.4	43.5	1.5	0.2
성별	남성	1,256	10.2	45.5	42.1	1.9	0.3
	여성	744	8.2	45.2	45.8	0.8	0.0
χ^2=9.62**							

〈표 Ⅳ-73〉 혼자 사는 주된 이유

(단위: %, 명)

		사례수 (명)	나의 직장/학업 때문에	혼자 살고 싶어서	아직 미혼이라서	독립하기 위해	이혼/별거/사별로	함께 살던 가족의 사정으로	기타
전체		2,000	35.7	28.5	19.5	8.7	5.7	1.8	0.3
성별	남성	1,256	34.3	29.7	23.3	7.4	3.7	1.4	0.1
	여성	744	37.9	26.3	12.9	10.9	8.9	2.4	0.7
χ^2=65.90***									

그림 39 1인가구의 전반적인 생활수준

15) 머니투데이 '기회의 땅 서울이 위험하다 청년 10명 중 8명 빈곤위험'

또한 1인 가구의 실제 생활비는 평균 97만원이지만 이상적인 생활비는 126만원으로 29만원의 차이가 있었다. 이들은 대부분 본인의 근로소득(89.9%)으로 생활비를 충당하고 있었다. 조사대상 1인 가구의 44.2%가 부채(대출)를 가지고 있었고, 부채규모는 평균 4780만원이다.

이들은 말 그대로 '나 혼자 산다'일 뿐 완전한 경제적 독립이라고 보기 어려웠다. 대부분의 경우 집을 처음 구할 때 목돈이 드는 보증금은 부모의 지원이 많았다. 비싼 월세도 혼자 힘으로 해결하기 어렵다. 10명 중 1명(11.2%)은 가족으로부터 '생활비 보조'를 받고 있다.

25~45세 1인 가구가 혼자 사는 주된 이유는 '직장 또는 학업 때문'(35.7%)이 가장 많았다. 이어 '혼자 살고 싶어서'(28.5%)라거나 '아직 미혼이라서'(19.5%), '부모나 형제로부터 독립하기 위해'(8.7%)가 꼽혔다.

또한 이들이 꼽은 1인 가구의 장점은 '자유로운 의사결정'(41.2%)과 '나 중심의 삶'(40.9%)이다. 반면 힘든 점으로는 '혼자 식사를 챙겨먹기 어려움'(24.5%), '경제적 문제'(20.5%), '몸이 아프거나 위급 시 도와줄 사람이 없음', '외로움'(13.9%) 등이 꼽혔다.[16)]

---

16) 55%가 '난 하층,최하층' 완전한 경제적 독립은 힘들어/헤럴드경제

2) 솔로이코노미의 특징

솔로이코노미의 첫 번째 가장 큰 특징은 **왕성한 구매력**이다. 대한상공회의소가 최근 전국의 20대 후반부터 40대 전반의 전국 500가구(1인 가구와 3~4인 가구 각 250명)를 대상으로 조사한 결과 월 가처분소득이 전체 수입에서 차지하는 비율은 1인 가구가 32.9%로 나타났다. 3~4인 가구의 17.2%에 비해 두 배 가까이나 높은 수치다.

금액으로 봐도 1인 가구의 월 가처분소득은 80만5000원으로 3~4인가구의 73만5000원보다 많았다. 가처분소득은 소득 중에서 소비 및 저축 등에 자유롭게 쓸 수 있는 소득을 뜻한다. 이에 전문가는 "1인 가구는 3~4인 가구에 비해 양육이나 가족 부담에서 자유로워 소비 여력이 더 크다"고 분석했다.

또한 실제로 가계의 씀씀이를 보여주는 평균 소비성향이 경기 부진으로 역대 최저인 가운데 1인 가구만 나 홀로 증가세를 기록 중이다. 2021년 통계청 가계 동향에 따르면 2020년 기준 1인 가구 월평균 소비지출은 132만원으로 전체 가구(240만원) 대비 55.0%수준이다. 그리고 2021년 기준 소득에 대한 만족도는 2년 전에 비하여 6.7% 증가하였으나 전반적인 소비생활에 대한 만족도는 1.3% 감소하였다.[17]

두 번째 소비특징은 **'자기 지향적'**이다. 혼자 있는 시간이 많기 때문에 가족에 대한 지출이 적고, 취미 생활이나 자기 계발에 대한 지출을 아끼지 않는다.

세 번째는 **'온라인 소비'**를 많이 한다. 주로 무겁거나 부피가 크고 구매 빈도가 잦은 생활필수품을 온라인으로 구매하는 소비 패턴을 가지고 있다.

네 번째는 **'저가·편리 지향적'**이다. 이는 할인 기간을 기다려 구매하는 것으로 가격대가 저렴하면서도 효율성을 추구하는 1인 가구의 특성이라고 할 수 있다. 또한 적은 양을 간편하게 소비하려는 1인 가구의 소비성향은 식품업계에서 가장 잘 나타나고 있다. 따라서 식품업계는 1인 가구를 겨냥한 '가정 간편식'을 쏟아내고 있다.

다섯째는 솔로이코노미의 소비자 군이 확장된 만큼, 성별과 연령에 따라 구별되는 다양한 요구조건을 만족시킬 수 있도록 **'세분화'** 될 것이라는 점이다. 지금껏 주로 젊은 연령이 이끌었던 1인 소비의 패턴이었다면, 앞으로는 성별·연령·소득·혼인 상태 등에 따라 다른 생활 행태로 인해 구별되는 수요를 요구할 전망이다.

---

17) 통계청 보도자료 '2021 통계로 보는 1인 가구'

구분	내용
유통	소포장 제품 출시
식품	가정간편식 제품 라인업 확대
가전	소령화·슬림화·다기능성 갖춘 가전제품 출시
온라인 모바일	생필품 정기 배송

표 4 1인 가구에 따른 업종별 변화

구분	내용
싱글슈머	싱글인 1인 가구와 소비자를 결합한 용어로 1인 가구 소비자를 의미
알봉족	과일 한 '알', 시리얼 한 '봉'씩 제품을 소량 구매하는 사람들
혼밥족	식사시간만큼은 불편한 관계에서 벗어나 혼자만의 여유를 즐기고 싶은 자발적으로 혼자 밥 먹는 사람들
포미족	개인별로 가치를 두는 제품에 과감한 투자를 아끼지 않는 사람들
편도족	편의점 도시락을 즐겨먹는 사람

표 5 솔로이코노미 소비자군의 세분화

소비트렌드	니즈	관련시장
소형	크기는 줄이되 성능은 유지	소형주택, 소형가전, 소형 생활용품
효율	제한된 자원의 효과적 사용	시스템 가구, 빌트인 가전, 멀티제품 레토르트 식품, 편의점 등
안전	신체적 안전과 정서적 안정	방범 서비스, 생활지원서비스, 연금형 금융상품, SNS, 동호회 등
나	자기 가치제고와 여가 향유	건강, 미용 여가, 학습시장, 카메라·자전거 등 기호품 등

표 6 이경아 · 곽윤영(2015) 1인 가구 소비행태와 소비자문제연구

KB금융지주 경영연구원 1인 가구 연구센터의 소비자 조사에 따르면, 연령이 높은 1인 가구일수록 거주 주택 선택 시 교통 및 단지 규모, 위치, 편의시설 등 주변 환경에 대해 많은 고려를 하는 것으로 나타났다. 아울러 남성보다는 여성이 혼자 사는 것에 대한 만족도 및 향후 1인 가구 유지에 대한 의향도 높은 것으로 나타났다.[18)]

18) 성별 소득 결혼 2차 확장, 그리고 공유/이코노믹리뷰

마지막 솔로이코노미의 특징은 **'공유(Sharing)'**라고 할 수 있다. 세계적 마케팅 석학 필립 코틀러(Philip Kotler)는 저서 <마켓 4.0>(Market 4.0)을 통해 이를 연결성(Connectivity)이라는 개념으로 설명했다. 즉, 1인 소비자들은 다양한 문제들을 혼자서 해결해야하기 때문에 다양한 정보의 습득이 필수다. 다만, 정보 선별에 있어 가장 정확한 내용을 습득해야하기 때문에 그들끼리의 '공유'를 하는 것이다.

예를 들어 SNS상에 '꿀팁'이라는 이름으로 올라오는, 여러 사람들의 공유로 검증이 마쳐진 정보 혹은 '인증샷' 심리는 1인 중심의 소비자들이 가장 정확한 정보를 얻기 위한 접근법으로 볼 수 있다.

따라서 솔로이코노미는 특수 계층에 국한된 개념에서 보다 확장되었으며 이전보다 더 복잡한 성격을 띠게 될 것이다. 1인 소비자들은 시간과 금전적으로 가장 효율적인 결과를 얻고자 할 것이며, 소비 영역은 더욱 세분화될 전망이다.

2. 싱글라이프

1) 식문화

(1) 간편식

싱글족의 식문화 트렌드 중 가장 손에 꼽히는 것은 **'가정간편식'**이다. 또한 가정간편식은 현재 전 세계가 공유하고 있는 식문화 트렌드다. 글로벌 시장조사기관 얼라이드마켓리서치에 따르면 글로벌 HMR 시장은 2023년 1462억 달러(약 176조1700억 원) 규모로 성장할 것으로 전망된다.[19)]

한국농수산식품유통공사에 따르면 국내 가정간편식 시장 규모는 2016년 2조2700억 원에서 2020년 4조원대로 커졌고, 올해는 5조원대에 이를 것으로 전망된다. 이에 따라 기존 식품업계는 물론 외식 브랜드와 호텔, 가전업계까지 관련 시장에 뛰어들고 있다.[20)]

가정간편식의 종류는 즉석 짜장 등 비교적 단순한 식품에서부터 최근에는 부대찌개, 애호박찌개, 돈까스 등으로 품목이 수천 가지에 이르고 있다. 제품의 형태도 구매와 동시에 먹을 수 있는 식품, 조리가 필요 없이 데워서 바로 먹을 수 있는 식품, 바로 조리가 가능한 식품 등으로 다양해졌다.[21)]

따라서 싱글족이 만든 이러한 식문화 트렌드를 따라 CJ제일제당, 오뚜기, 신세계푸드, 동원홈푸드, 롯데푸드, 빙그레, 한국 야쿠르트 등의 식품업계들은 잇따라 가정간편식 브랜드를 출시하며 제품을 내놓고 있다.

(2) 온라인푸드마켓

'온라인푸드마켓'도 싱글족의 대표적인 식문화 트렌드라고 말할 수 있다. 앞서 솔로이코노미의 특징에서 살펴보았듯이, 싱글족은 '온라인 소비'를 많이 한다. 주로 무겁거나 부피가 크고 구매 빈도가 잦은 생활필수품을 온라인으로 구매하는 소비 패턴을 가지고 있다. 따라서 시간을 따로 내어 마트에 가서 많은 양의 식료품을 무겁게 혼자 들고 오는 수고로움을 덜기 위하여 '온라인푸드마켓' 이용도가 높아진 것이다.

---

19) 조선비즈 '거대식품 기업부터 플랫폼 스타트업 외식 업체까지 HMR 춘추전국시대'
20) 매일경제 '사먹는 집밥 5조원 시장 삼시 세끼 간편식 시대'
21) 식문화트렌드 가정간편식 맛보세요 /전남도민일보

그림 40 가정간편식(HMR)

그림 41 프리미엄 온라인 푸드마켓 마켓컬리

1인 가구인 한 직장여성은 온라인푸드마켓의 이용 빈도가 상당히 높아진 이유로, 밤에 우유를 주문하면 바로 짠 우유를 다음날 새벽에 배송해주고, 우유뿐 아니라 과일, 채소와 같은 신선식품도 소포장 되어 안전하게 배송된다는 점을 꼽았다.

아무래도 '음식'이라는 소비재는 신선도가 생명이기 때문에 포장 방법이나 배송기간이 생명이다. 따라서 온라인으로 음식을 주문하는 것이 직접 마트에 가서 구매하는 것보다 불안하다는 것이 단점이었지만 최근의 온라인 푸드마켓은 이러한 점을 보완하며 발전하고 있다.[22]

---

22) 2030세대 1인가구가 온라인에서 가장 많이 구입한 채소는? / 리얼푸드

(3) 홈쿠킹

① 방송프로그램

몇 년 전, '쿡방'의 인기가 급상승하여 TV를 틀면 다양한 요리방송이 쏟아져 나오고, 이것이 하나의 방송 트렌드로 자리 잡았었다. 이러한 트렌드의 중심에는 싱글족의 **'홈쿠킹'** 식문화가 있다. 언제까지 외식을 하거나 인스턴트 음식을 사먹을 수 없으니 혼자서도 할 수 있는 요리를 배워보고 싶은 싱글족의 바람인 것이다.

그림 42 요리프로그램 냉장고를 부탁해

'냉장고를 부탁해'는 대표적인 요리 프로그램이다. 주로 혼자 사는 연예인들이 자신의 냉장고를 들고 나와서 집에 있는 식재료로 쉐프에게 요리를 부탁하는 컨셉이다.

또한 '마이리틀텔레비젼'에서 백종원은 '쿡방'을 선보였다. 자취생도 따라할 수 있는 쉬운 요리로 많은 인기를 얻었다.

이어 백종원은 '집밥백선생'에서 정식으로 요리프로그램을 시작해 싱글족은 물론, 주부들도 따라할 수 있는 '집밥' 요리를 선보였다.

그림 43 쿡방 집밥백선생

② 관련서적

요리프로그램에 이어, 1인 가구들을 위한 요리 관련 서적도 많이 출간 되었다. <1인 가구 맞춤 요리책>은 작은 주방에서 적은 재료로 만드는 1인 가구 맞춤 메뉴 150개를 소개한다. 자취생, 싱글 직장인, 기러기 아빠까지 늘어나는 1인 가구를 위한 책이다. 요리잡지 '수퍼레시피'에서 진행한 독자 모임의 의견을 바탕으로 최소한의 조리도구, 양념, 재료들을 사용한 메뉴들을 엄선했다.

칼질을 많이 해야 하는 조리법은 피하고, 후다닥 볶아내는 조리법, 냉동했다가 해동해도 질감 차이가 크지 않은 재료를 활용한 레시피 등을 다양하게 담았다. 또한 친구들이 놀러 왔을 때 후다닥 만들 수 있는 조금 폼 나는 안주 겸용 메뉴들까지 1인 가구만을 위한 요리들을 충실하게 선보인다. 더불어 남는 재료와 음식처리, 남은 음식 새롭게 활용하는 방법 등 혼자 사는 사람들의 실질적인 고민들을 반영하였다.[23]

그림 44 365일 자취요리

그림 45 1인 가구 맞춤 요리책

<365일 자취요리>는 처음 요리를 시작하는 자취생들을 위해 기본 조리 도구 및 최소한의 가전제품 마련법 부터 부엌칼 사용법, 맛국물 내는 법, 재료의 선별법과 보관법 등 초보요리 레시피를 상세히 알려주고 있다.[24]

23) <1인가구맞춤 요리책> 월간 수퍼레시피 /알라딘 책정보
24) <365일 자취요리> 성안북스/예스24 책정보

③ 관련SNS

'만개의 레시피'는 요리관련 SNS로, 주로 싱글족들이 쉽게 따라할 수 있는 재료와 레시피로 짧게 영상을 찍어 업로드하고 있다.[25)]

④ 스마트 주방용품

그림 46 1인가구를 위한 스마트 주방용품

또한 이러한 싱글족 들의 홈쿠킹을 돕기 위해 1인 가구를 위한 '스마트 주방용품'도 인기를 끌고 있다. '슬로우 쿠커'는 불이 필요 없는 전기냄비로, 본체와 내솥이 분리된 형태다. 곧바로 음식을 해먹는 용도가 아니라 안쪽의 음식물을 끓지 않을 정도로 은근히 오랫동안 조리하는 기능을 가지고 있다. 아침에 나가기 전 멸치와 냉수를 넣어 놓으면 저녁에 멸치 육수가 되는 식이다.

그러다 보니 요리할 시간이 없는 사람들에게 편리하게 사용될 수 있다. 끓지 않고 섭씨 80~90도 정도로 조리되므로, 약재를 달이거나 죽을 쑬 때도 음식이 눌어붙지 않아 매우 좋으며, 음식물을 뒤집거나 젓을 필요가 없이 음식 전체를 골고루 익혀준다. 오랫동안 천천히 조리하다 보니 영양성분이 최대한 적게 파괴된다는 것도 장점이다.

'샐러드 스피너'는 다이어트식으로 샐러드를 자주 먹는 싱글족을 위한 주방용품이다. 큰 볼에 채소, 과일 등을 넣고 줄을 당기거나 손잡이, 버튼 등을 누르고 돌리면 표면의 수분이 떨어져 나가게끔 하는 도구다. '야채 탈수기'라고도 불린다.

25) 만개의 레시피 인스타그램

샐러드를 만들 때 채소에 물기가 너무 많으면 물컹물컹하고 맛이 없어지지만 이 제품으로 물기를 없애 주면 아삭하고 신선해져 샐러드 만들기에 적합한 상태가 된다. 샐러드를 만들 때 뿐 아니라 쌈 채소를 씻고 물기를 빼는 데에도 유용하다. 또한 브레이크 버튼이 있어 안전하게 뚜껑을 열 수 있고, 바닥에 미끄럼 방지 링이 부착돼 제품을 안정감 있게 고정시켜준다. 작은 사이즈로 필요한 양만큼의 야채의 물기를 제거할 수 있어 편리하며, 수납에도 유리하다.

'에어프라이어'는 기름이 아닌 열기 순환 방식으로 음식을 튀기는 주방용품이다. 식재료의 지방 성분을 이용해 조리하기 때문에 기름을 따로 넣지 않아도 구이부터 튀김, 베이킹까지 다양한 저유분 요리가 가능하다. 기존 튀김기와 비교하면 기름 함량을 80%까지 줄일 수 있기 때문에 건강에도 도움이 된다.

최대 30분 시간 조절 및 자동 전원 차단 장비를 통해 보다 안전하게 요리 할 수 있고, 80도에서 최대 200도까지 폭 넓은 온도 조절 기능을 갖춰 감자튀김부터 치킨, 스테이크, 과일칩 등 다양한 요리를 할 수 있는 장점이 있다.

마지막으로 '진공포장기'는 마트에 있는 식재료처럼 비닐봉투 속 공기를 모두 빼내고 밀봉까지 해주는 기능을 가졌다. 많은 음식 재료를 샀다가 버리기 일쑤인 1인 가구들이 '소분 포장'을 통해 알뜰한 살림을 할 수 있도록 도와준다.[26)]

26) 혼자 사는 사람들 위한 주방용품 나와 인기/백세시대

⑤ 밀키트

요리도구와 더불어, 싱글족들의 홈쿠킹을 위해 '밀키트(Meal-kit)' 제품이 각광받고 있다. '밀키트'는 가정간편식의 범주에 속하지만 조리가 완료된 식품이 아니라, 음식을 만들 수 있는 재료들이 포함된 패키지를 의미한다.

사실 일반적인 밀키트 제품의 경우, 대형마트나 온라인 쇼핑몰에서 예전부터 만나볼 수 있었지만, 최근에는 내가 원하는 시간에, 내가 식사를 하기 직전에 '배송'을 해주는 온라인 푸드마켓의 서비스가 각광받고 있다. 싱글족의 식문화인 '온라인구매'와 '홈쿠킹'이 연결된 것이다.

기존의 가정간편식은 끓이거나 렌지에 돌림으로써 '간편하게 먹을 수 있는' 장점을 내세웠지만, 아무래도 그 맛의 만족도가 높지 못했다. 혼자 살거나, 간편함을 추구하는 이들에게 새롭게 부상되는 것 중 하나는 '경험의 즐거움'이기 때문이다.

따라서 요리를 직접 할 수 있는 즐거움과 간편함을 합친 제품이 바로 '밀키트'다. 미국의 경우, 밀키트 딜리버리 시장의 규모가 1조 7천억원대에 달한다. (KOTRA 조사자료) 국내의 경우 본격적으로 시장이 확대되는 추세에 있어, 정확한 집계는 불가능하나 점차 커질 것으로 보인다. 증가하는 1인가구와 맞벌이 가구의 인기를 얻을 수 있을 것으로 보이며, 소용량 제품을 통해 다양한 음식을 맛보고자 하는 사람들의 욕구를 충족시키는 데 기여할 것으로 보인다.[27]

그림 47 잇츠온의 밀키트 제품

27) 식재료 준비? 필요 없어요, '밀키트'가 있으니까/오마이뉴스

(4) 배달

싱글족의 식문화로 **'배달'**을 빼놓을 수 없다. 따라서 싱글족들 사이에서 배달 어플리케이션의 인기가 날이 갈수록 치솟고 있는 추세다.

배달앱이 처음 등장한 것은 2010년 4월 '배달통'이 이용자의 위치를 기반으로 배달 가능한 음식점 정보를 제공하는 서비스를 세계 최초로 선보이면서 부터다. 이후 2011년 '배달의 민족'이 등장했고, 2012년에는 '요기요'가 후발주자로 뛰어들었다. 배달앱 업계 순위는 배달의 민족, 요기요, 배달통 순이었는데 2,3위를 다퉜던 요기요와 배달통은 현재 하나로 합병되었다.

배달앱의 시장규모는 해를 거듭할수록 커지고 있는 한편, 앱 이용자 수는 감소하고 있다. 일각에서는 배달비 인상 효과도 있지만 엔데믹 기대와 함께 배달앱 이용자가 감소했을 것이란 이견이 나온다. 데이터 분석 플랫폼 모바일인데스에 따르면 최근 한 달간 주요 배달앱(배달의민족·요기요·쿠팡이츠) 이용자수(MAU)는 2420만3452명(안드로이드 기준)으로 집계됐다. 2021년 12월 대비(2527만3296명) 107만 명 감소한 수치다. 여기에 아이폰 ios 이용자 수를 더하면 감소폭은 더 커질 것이란 분석이다.[28]

① 아침도시락

배달 서비스는 주로 족발, 피자, 치킨 등과 같은 야식 메뉴가 많지만, 1인 가구의 정신없는 아침을 챙겨 줄 '아침 배달' 서비스도 인기를 끌고 있다.

반찬배달서비스 브랜드 ㈜마이쉐프의 '명가아침' 아침식사배달 서비스는 아침에 국이 없으면 밥이 넘어가지 않는 이들을 위해 번거로움을 덜어 줄 뿐만 아니라 가정에서 직접 해먹는 것과 같은 퀄리티로 국과 밥을 제공하고 있다. 명가아침 국·반찬 배달 서비스는 식단으로 구성할 시 국와 반찬을 매주 1회, 또는 2회 지정하여 받을 수 있으며 매번 바뀌는 식단을 통해 물리지 않고 영양도 고르게 섭취할 수 있는 장점이 있다.[29][30]

28) 녹색경제신문 '배달앱 이용자 107만명 감소 비싼 배달비 때문?'
29) '아침에도 맛있는 국반찬을' 명가아침 아침식사배달 서비스/데일리그리드
30) 명가아침 홈페이지

그림 48 명가아침 도시락 세트

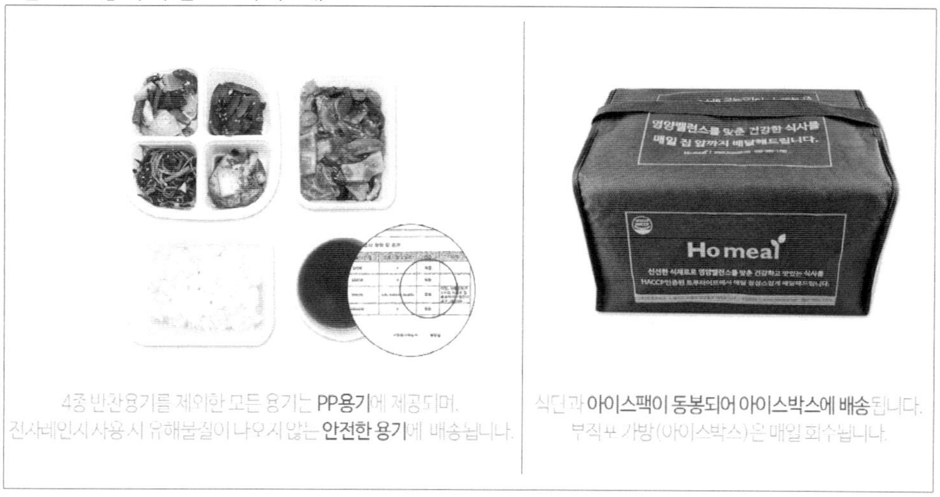

그림 49 트루라이프 호밀 도시락세트

트루라이프의 '호밀' 또한 아침 도시락 배달 서비스를 운영하고 있다. 아침 배달도시락인 호밀꾸러미는 바쁜 현대인들이 가볍게 아침을 챙겨 먹을 수 있도록 월요일부터 금요일까지 4주 패턴으로 메뉴를 기획, 매일 다양한 식단을 고객들에게 배송하고 있다.

이 도시락은 조리 완료 후 저녁 9시부터 다음 날 새벽 6시 사이에 서울, 경기지역 고객이 원하는 곳으로 안전하게 정기적으로 배달이 가능하다. 자극적이지 않는 맛과 가벼운 칼로리로 다이어트 효과와 건강을 누릴 수 있는 것은 물론, 매일 아침을 해먹기 힘든 사람들을 위한 안성맞춤 배달 서비스로 높은 인기를 끌고 있다.[31)32)]

② 과일도시락

그림 50 미스터네이처

과일을 대량으로 사서 자주 챙겨먹지 못하는 1인 가구들을 위해 과일 도시락을 배달해주는 업체도 있다. '미스터네이처'는 건강 식단 도시락 배달업체인데 1인이 먹을 수 있는 소량으로 과일 도시락을 배달하는 서비스를 운영하고 있다. 영양소를 생각한 제철과일을 종류별로 담아 한 컵에 3팩씩 제공한다.[33]

31) 나가서 먹기 귀찮다 귀차니스트 위한 배달 서비스 호황/쿠키뉴스
32) 호밀 홈페이지
33) 미스터네이처 홈페이지

2) 주거문화

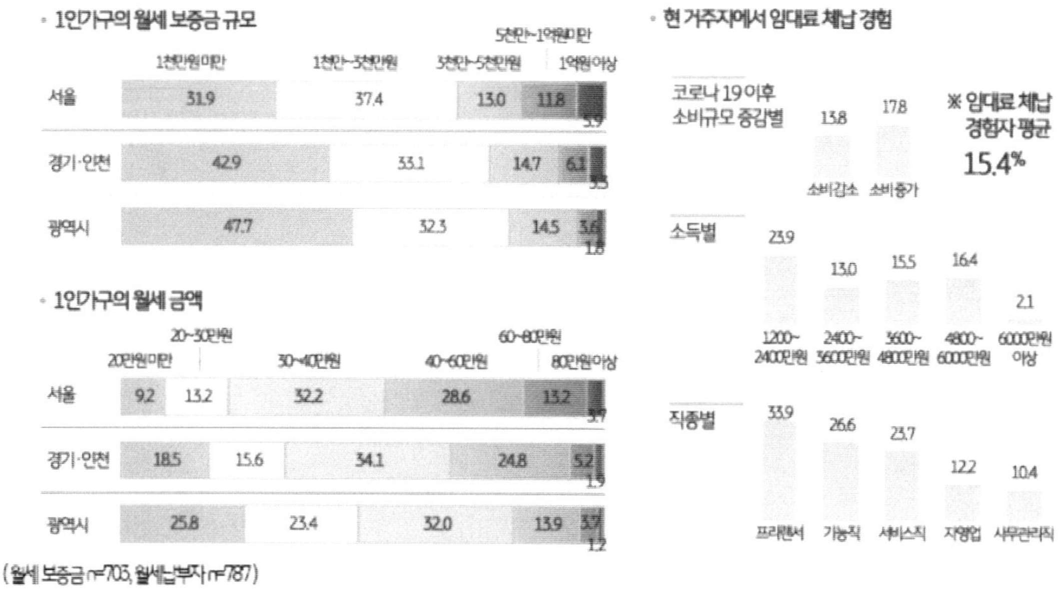

그림 51 1인가구의 월세 보증금·월세 금액, 현 거주지에서 임대료 체납경험

1인 가구의 소유 형태는 월세, 전세, 자가 순이며 지역별로 차이는 있으나 월세보증금 75%가 3천만원 미만, 월세금액은 90%가 60만원 미만이다.
소득이 낮거나 수입이 불규칙한 직종의 1인 가구는 임대료 체납 경험이 상대적으로 높은 편이다.

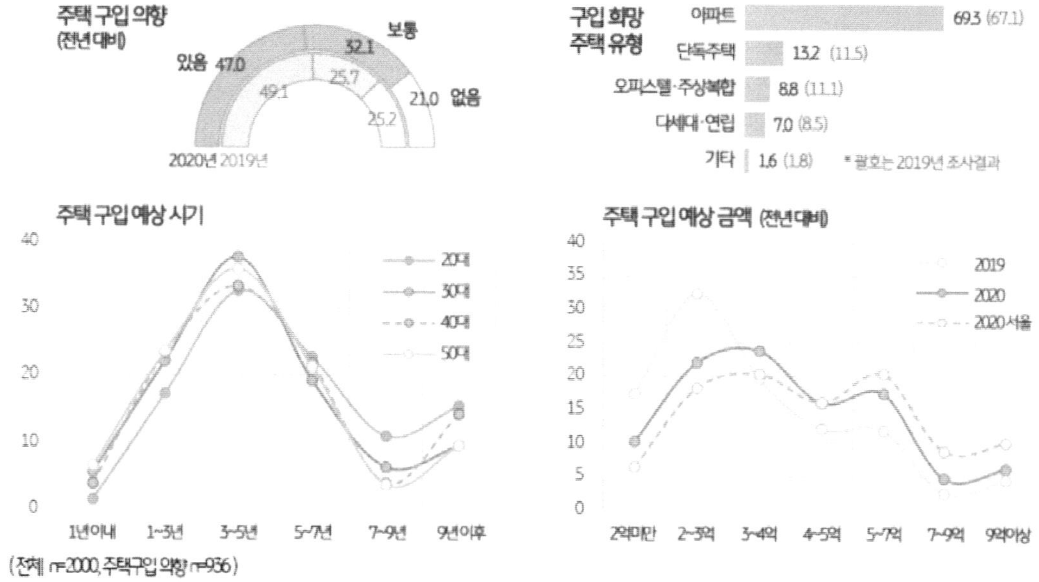

그림 52 1인가구의 주택 구입의향 유형과 시기, 예상금액

1인 가구의 절반 정도가 주택 구입 의향이 있으며 아파트에 대한 선호도가 전년도 보다 높아졌다. 구입 희망 시기는 3~5년 이내가 많아 안정적인 주거 공간을 마련하려는 의향이 높아지고 있다.
30대 1인 가구에서 3~5년 이내 주택을 구입하고 싶다는 응답비중이 가장 높았으며 40대가 30대보다 더 늦은 구입 시기를 희망했다. 경제활동의 주축인 30대와 40대 연령층 간의 인식 차이가 발생한 것이다.

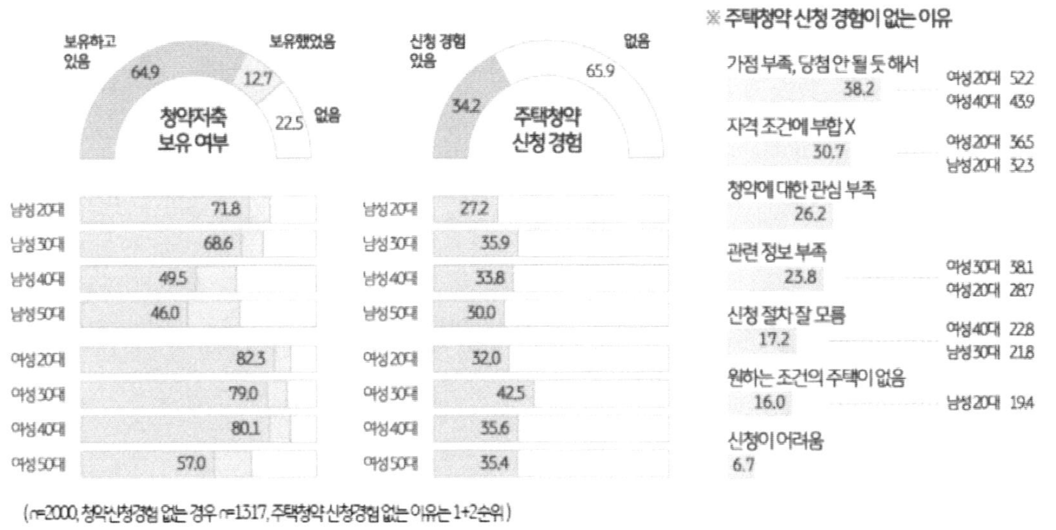

그림 53 1인 가구의 청약저축 보유여부, 주택청약 신청경험

1인 가구의 소비·지출은 월 평균 141만원으로, 전체 소득의 45.6%인 98만원을 생활비로 사용하고 있다. 생활비 소비 항목별로는 식비와 주거비의 비중이 높은 편으로 코로나19 확산 이후 소비가 감소한 1인 가구의 경우 식비, 여가쇼핑, 저축투자 순으로 지출을 감소했다.

1인 가구의 식료품 구매처는 오프라인, 기타 생활용품은 온라인에서 구매하는 경우가 많은 것을 알 수 있다. 코로나19와 디지털화의 가속으로 2019년보다 2020년의 온라인 구매가 증가한 것을 알 수 있다.
20·30대 남성은 편의점과 특정 브랜드 온라인몰을, 40·50대 여성은 대형마트의 온라인몰을 많이 이용하는 등 연령과 성별 등에 따라 주요 구매처는 분화된다.

1인 가구의 온라인 구독서비스 유료이용 경험은 음악, 영화·TV프로그램, 동영상 순서로 높으며, 유료 이용경험과 향후 유료 이용의향 또한 대체로 높은 편임을 알 수 있다.

그림 54 온라인 구독서비스 유료이용 경험, 향후 유료이용 의향

(1) 다운사이징

싱글족들의 주거문화에는 **'다운사이징(소형화)'** 열풍이 불고 있다. 과거 주택시장에는 중대형면적이 주를 이뤘지만, 최근 몇 년 새 중소형 면적이 대세를 이루더니, 이보다 작은 초소형면적, 틈새면적 등이 시장에 나와 1인 가구 공략에 한창이다.

이에 따라 분화된 젊은 층 1.2인 가구를 중심으로 좁은 공간 안에 효율적으로 편의시설이 집약된 복합 공간에 대한 선호도가 높아지는 양상이다. 이들을 겨냥한 '오피스텔', '아파텔' 등이 수도권 주요 신도시에서 주거 트렌드의 변화를 주도하고 있는 것이다.

소형 주택은 아파트 기준으로 전용면적 59㎡ 미만으로 방 1~2개와 욕실 1개로 이뤄져 혼자 살기에 적합하고 임대 수요도 풍부하다. 2000년대 초반 만해도 '쪽방' 취급을 받아 인기가 떨어졌지만 1인 가구가 빠르게 늘면서 몸값이 치솟고 있다.

최근 전체적인 주택시장 분위기는 관망세가 짙다. 정부 규제로 다주택자가 급매물을 내놓으면서 시장에 매물이 가득 쌓인 탓이다. 빨리 집을 팔기 위해 매물을 내놓은 집주인들은 발을 동동 구른다. 반면 집을 고르기만 하면 되는 수요자들은 추가 가격하락 요인을 기대하며 급할 것 없이 분위기를 살핀다. 매매가 상승폭이 줄고 전셋값이 하락 하는 등 실제 시장은 거래 절벽에 부딪힌 것이다.

이와 같이 주택시장이 전체적으로 침체기지만 1인 가구가 증가한 탓에 초소형 주택 매매거래 비율은 늘었다. 한국감정원 자료에 따르면 전용면적 60㎡이하 주택의 매매 거래비율은 ▲2017년 36.1% ▲2018년37% ▲2019년 42.4%로 해마다 소형 주택의 매매 비중은 증가하고 있다. 2021년 기준으로 봐도(2021년 10월 전국기준) 총 거래건수 11만 9,686건 중 소형(60㎡)이하가 차지하는 거래건수는 5만 5,910건, 약 46.7%로 매년 소형 주택의 매매거래 비중이 증가하고 있는 모습이다.

업계전문가는 "늘어나는 1인가구와는 반대로 청약시장의 경쟁은 더욱 치열해지며 가점경쟁에서 상대적으로 불리한 20·30 세대들의 내 집 마련 방법은 더욱 어려워지고 있다"며 "다만 소형 주택의 경우 상대적으로 가점경쟁에서 수월하기 때문에 1인가구의 내 집 마련 대안이 될 수 있다"고 말했다.

실제로 부동산114 자료에 따르면 2021년 전국에서 분양한 ▲전용면적 84㎡의 당첨 평균 청약가점은 52.4점으로 나타났다. 반면 ▲전용면적 51~60㎡ 48.6점 ▲전용면적 50㎡ 이하 46.03 점으로 면적형이 줄어들수록 당첨 평균 가점도 낮아지는 것으로 나타났다. 이러한 이유로 전용면적 50㎡이하의 이른바 소형 아파트의 청약경쟁도 치열해지고 있다.

이렇게 1인가구의 가파른 증가로 소형·초소형 아파트에 대한 관심이 높아지고 있는 가운데, 가점경쟁에서 상대적으로 불리한 수요자들이 주목할 만한 소형 주택형 분양 물량이 공급될 예정이다.[34)]

이 같은 인기는 기존에 오피스텔 등 소형 주택이 지니고 있는 단점을 극복하고 공간 효율을 높여 설계한 것이 소비자의 마음을 움직였다는 게 업계의 분석이다. 최근 시공되는 소형주택은 발코니, 욕조 등 효율적인 공간 배치를 통해 중소형 아파트와 비슷하게 공간 효율이 높다는 평가를 받는다.[35)]

한 관계자는 중대형에서 중소형으로 변한 주택시장의 다운사이징 트렌드가 최근에는 1인 가구 증가 바람을 타고 초소형으로 번졌다며 중대형 이상 주택은 거래절벽이 심각하지만 1인 가구 대상의 초소형 오피스텔 등은 문의가 꾸준하다고 밝혔다.[36)]

이와 같이 1인 가구 사이에서 인기가 치솟고 있는 일부 초소형 아파트 '아파텔'에서는 식사를 제공하는 서비스도 운영하고 있다. 서비스 개념을 강조하고 있는 아파트 분양 시장의 새로운 주거 트렌드가 '아파텔'로 전이된 것이다. 특히 조식서비스는 이전까지는 주거상품 중 서울 성수동의 '트라마제' 같은 일부 고급 단지에만 제공됐다.

---

34) 한국건설신문 '가점경쟁 불리한 2030 소형주택 주목'
35) 1인가구증가, 강소+복합공간 인기, 주거형 오피스텔 시대 본격 열린다/헤럴드경제
36) 주택시장에 부는 '다운사이징 열풍'/머니S

서비스 도입으로 아파텔 자체의 랜드마크 효과가 높을 것으로 내다보는 것도 이러한 이유다.

1~2인 가구의 실수요자 입장에서는 맞춤형 서비스로 만족도가 높다. 바쁜 출근 시간에 아침밥이 제공되다 보니 건강도 챙기고, 출근준비 시간도 절약할 수 있어 유익하다. 아침을 준비하던 시간은 독서, 운동 등 다양한 부분으로 시간을 활용할 수 있어 생활수준의 업그레이드를 가능하게 해준다. 때문에 최근 부동산 시장에서는 호텔식 조식 서비스가 제공되는 아파텔의 경우 대기수요가 꾸준하다. 수요자 입장에서는 조식서비스 자체가 추가 비용 없이 무상으로 제공되는 경우라면 같은 입지와 동등한 월세 조건에서 더 많은 혜택을 주는 아파텔을 선택하는 것이 합리적이기 때문이다.[37]

그림 55 아파텔의 식사제공 서비스

수원 광교신도시의 아파텔 '광교 더샵 레이크파크' 단지는 조식 서비스에서 삼시세끼 서비스로 식사제공 범위를 확대했다. 비용은 6,000원으로 매일 다른 종류의 음식을 현장에서 직접 조리해, 호텔급 식사 수준으로 제공한다. 아침은 뷔페식이고, 점심, 저녁의 메뉴는 주기적으로 바뀐다. 주말메뉴는 8500원으로 찹스테이크, 함박스테이크 등 특식을 제공하고 있다.

이들 단지가 식사 서비스 확대에 나선 이유는 1~2인 가구의 증가, 삶의 질을 추구하는 사회적 트렌드에 맞춘 전략 때문이다. 장보는 일부터 조리, 설거지 등 식사에 들어가는 가사 노동 시간을 줄일 수 있어 1인 가구들의 거주 만족도가 높아지고 있다.[38]

37) 아침밥 제공하는 아파텔, 대기수요 랜드마크 효과에 임대수익률 높아/매일경제
38) 주부들은 좋겠네 '삼시세끼 제공'하는 아파텔 가보니/집코노미

(2) 셰어하우스

1인 가구가 성장하면서 가족이 아닌 사람들끼리 공간과 시설을 공동으로 사용하는 **'셰어하우스'**가 새로운 주거문화로 부상했다. 셰어하우스는 거실과 주방, 화장실만 공유하고 방은 따로 쓰는 '플랫 셰어'와 방까지 공유하는 '룸 셰어'로 나뉜다. 셰어하우스는 전세와 월세 비용을 아낄 수 있고, 여성에게는 혼자 사는 것보다 더 안전하게 느낄 수 있다는 장점이 있다. 이러한 셰어하우스가 싱글족의 주거 트렌드로 인기를 끌면서 셰어하우스를 컨셉으로 한 방송과 관련서적, 전용 어플도 등장하고 있다.[39]

① 방송프로그램

<청춘시대>는 '셰어하우스' 주거 트렌드를 반영한 드라마다. 외모부터 성격, 전공, 남자 취향, 연애 스타일까지 모두 다른 5명의 매력적인 청춘들이 셰어하우스 '벨에포크'에 모여 살며 벌어지는 청춘셰어라이프를 담고 있다.

그림 56 청춘시대

39) 밥 집 돈 다 챙기자 '싱글족 서비스6'/홈마스터

<셰어하우스>는 9명의 셀러브리티들이 출연하는 공동주거 프로젝트 예능 프로그램이다. 손호영, 최희, 이상민, 우희, 최성준, 천이슬 등이 출연하며 셰어하우스에서 벌어지는 다양한 에피소드를 담고 있다.

그림 57 셰어하우스

② 관련서적

그림 59 유쾌한 셰어하우스

그림 58 셰어하우스 시대가 온다

<유쾌한 셰어하우스>는 셰어하우스에 입주한 뒤 비로소 자신의 정체성과 꿈을 찾고 새로운 가족이 생겨 행복해진 다섯 싱글 여성의 성공적인 실제 셰어하우스 생활기이다.

독립을 갈망하고 일자리를 열심히 찾지만 번번이 고배를 마시던 20대 구슬(신한슬), 높은 월세를 내기 위해 죽을 듯이 일만 하던 30대 초반의 꼼지락(신미경), 십여 년을 일해 전문가가 되었지만 떠돌이 생활을 면치 못했던 그너머(홍세미), 부모의 기대를 채우기 위해 일에 중독되다시피 하면서 몸도 마음도 황폐해진 30대 후반의 남실이(김미애), 안정된 직업을 얻었지만 상사에게 시달리고 병까지 얻어 쿠바로 여행을 떠났던 나오미(홍지숙) 등이 바로 그 실제 주인공들이다.[40)]

이렇듯 <유쾌한 셰어하우스>는 취재를 하거나 자료를 조사해서 쓴 글이 아닌, 실제 셰어하우스에 살고 있는 입주자들이 직접 쓴 글이라 진정성과 리얼리티가 담겨 있어서 셰어하우스 선택을 고민하고 있는 사람들에게 큰 도움이 될 수 있는 책이다.

셰어하우스 트렌드는 집값의 상승으로 인해 젊은 층이 대학가나 직장 주변에 혼자 거주하면서 전세나 원룸을 얻기가 부담이 되는 현실과도 연관이 있다. 높은 보증금과 월세를 감당하는 대신 월세만 내면 되는 셰어하우스를 선호하는 것이다. 따라서 이제는 국내에서도 점점 셰어하우스를 찾는 사람들이 증가하고 있다.

이러한 셰어하우스는 유럽, 호주, 일본 등 선진국에서는 이미 오래 전부터 보편적이면서 자연스러운 주거형태로 자리 잡아 왔다. 베이비부머 세대의 은퇴와 지방 재조업의 붕괴로 젊은이들이 수도권으로 몰려드는 현재 대한민국의 모습을 봤을 때, 세대간의 니즈가 맞아떨어지는 우리도 선진국들을 그대로 따라갈 확률이 높다. 따라서 그만큼 투자가치 측면에서 전망이 밝을 수밖에 없다.

<셰어하우스 시대가 온다>는 강남, 홍대에서 4개의 셰어하우스를 운영하고 있는 저자가 직접 셰어하우스에서 입주자들과 거주하면서 얻은 셰어하우스 경험과 관련 정보를 토대로 셰어하우스 운영에 관하여 소개하는 책이다.[41)]

---

40) <유쾌한 셰어하우스> 김미애, 신미경, 홍세미, 신한슬, 홍지숙/교보문고 책정보
41) <셰어하우스 시대가 온다> 김결/교보문고 책정보

③ 관련SNS

그림 60 WOOZOO

‘우주(WOOZOO)’는 국내 최대 셰어하우스 운영사이다.[42] ‘우주’는 지난 2013년 서울 종로구 익선동의 한옥 한 채를 빌려 ‘1호’ 셰어하우스를 열었고 아파트 등을 위탁 임대하거나 장기 운영관리, 건물 직접매입 등 방식으로 지금껏 서울에 마련한 셰어하우스는 총 93곳에 이른다. 현재 머물고 있는 청년들은 400여명 정도다. 위탁임대·매입 후 젊은 층이 좋아하는 스타일로 인테리어를 바꾸고 홍익대 주변 등 역세권이나 선호지역도 많아 집을 구하려는 문의가 이어지고 있다.

‘우주’에는 입주자 제약이 있다. 만 35세 미만으로 공동생활에 적합해야 하고 공동체 공간을 유지하기 위한 화장실 청소 순번 등 생활규약을 아예 회사가 정해놓았다. 또한 ‘우주’는 임대료의 일부를 수수료로 받아 운영한다. 집주인 입장에서는 방 여러 개로 쪼개 월세를 받는 만큼 집 한 채를 임대하는 것보다 수익이 늘어난다.

42) 우주 홈페이지

‘우주’를 운영하고 있는 김 대표는 “일부는 월세가 기대만큼 싸지 않다고도 말하지만 회사의 개축 및 운영비용을 고려해야 한다.”며 “상대적으로 저렴하고 만족스러운 주거 질을 보장하는 공간을 제공하는 것이 최우선 목표”라고 강조했다.[43]

그림 61 방짝

‘방짝’은 국내에서 주거 공유 서비스를 제공하고 있는 ‘룸 셰어 플랫폼’이다. 룸메이트와 함께 월세를 나눠 같이 사는 일명 ‘룸메족’이나 셰어하우스를 찾기 위한 사람들에게 서비스를 제공하고 있다. ‘방짝’은 각종 사이트, 카페 등을 알아볼 필요 없이 안전하게 룸을 공유할 수 있도록 중개해주고 있다. 일종의 주거 공유경제의 개념인 것이다.[44]

‘방짝’을 이용하는 연령층은 주로 대학생 및 사회 초년생인 20대, 또는 30대 직장인들도 다수 있다. ‘방짝’의 회원 중 한 명은 경제적 문제로 인해 주거공유 및 룸메이트를 구하고 있지만, 전반적으로 방짝 서비스를 이용하여 새로운 사람을 만나고 그들과 지내면서 활력이 생겼다고 말했다. 특히 노년층 및 중장년층의 사연도 있는데 이들은 자녀들의 분가와 해외 유학으로 남는 방을 임대하여 임대 소득은 물론 돌봄도 가능해 좋았다는 의견이다.[45]

이렇듯 ‘셰어하우스’는 1인 가구의 주거 트렌드로 부상하고 있지만 타인과의 공유생활은 장·단점이 분명히 존재하므로, 입주를 고려하는 1인 가구들은 장·단점을 꼼꼼히 따져보고 자신에게 잘 맞는지를 확인해야 할 것이다. 다음은 셰어하우스의 장·단점을 표로 정리한 내용이다.

43) 셰어하우스 ‘우주’ 김정현 대표 “주거 빈곤 내몰린 청년들 고민 덜어주고 싶었죠”/서울경제
44) 방짝 홈페이지
45) 주거 공유 서비스 ‘방짝’ 회원 2000명 돌파, 새로운 사람 만나면서 활력 생겼다/아시아투데이

구분	내용
장점	-낮은 보증금과 저렴한 월세 -비용 대비 쾌적한 주거환경 -여러 사람과의 소통
단점	-사생활 보호의 어려움 -타인과의 여러 가지 갈등 가능성 -공유 공간 사용의 불편함

표 7 셰어하우스의 장·단점

(3) 셀프인테리어·DIY

기존 1인 가구의 집은 '자취방'에 불과했다. 가정을 꾸리기 전에 혼자서 임시로 거처하는 주거공간은 굳이 자신의 취향대로 예쁘게 꾸밀 필요가 없었다. 그러나 1인 가구가 점점 많아지고 혼자 살아가는 기간이 길어지면서 주거공간을 자신만의 취향대로 꾸미려는 욕구가 커지고 있다. 이런 흐름 속에서 1인 가구를 중심으로 **'셀프 인테리어', 'DIY(Do It Yourself)'** 열풍이 꺼지지 않고 있다.

예전에는 인테리어를 전문 업체를 통해 거금을 들여야 하는 일로 생각했는데 이제는 혼자서도 손쉽게 할 수 있는 일이 됐고 다른 형태로 이 분야의 비즈니스가 급격하게 성장했다. '홈퍼니싱(Home Furnishing)' 관련 상품의 매출이 크게 늘고 있다. 홈퍼니싱이란 '집(Home)'과 '단장하는(Furnishing)'의 합성어로 가구를 비롯한 인테리어 소품, 침구, 벽지 등으로 집 안을 꾸미는 것을 말한다.[46]

인테리어 리모델링 시장 규모는 2010년 19조원, 2016년 28조5000억원, 2020년 41조5000억 원 규모로 급성장하고 있다. DIY시장은 이 중 3%대에서 최근 1-2년 새 5%대로 성장한 것으로 건자재업계는 분석한다. DIY시장 규모는 2008년 7조에 불과했으나 2015년에는 12조 5,000억 원에 이르며 2023년에는 18조 원까지 성장할 것으로 전망된다.[47] 자가 주택 미소유자의 경우 잦은 주거이전에도 불구하고 욕구는 여전한 하여 소규모 다 빈도 수리가 유행할 것으로 전망된다. 혼자서 쉽게 시공할 수 있는 DIY제품의 성장 가능성이 높은 셈이다.[48]

46) <1코노미> 2017년 21세기북스 이준영
47) 핸드메이커 뉴스 '소소한 일상의 행복을 실천하는 DIY와 DIY문화'
48) 집꾸미기, 성가신 일 아닌 취미 DIY시장 급성장/헤럴드경제

① 방송프로그램

방송 프로그램 <헌 집 줄게, 새 집 다오>는 현재 인테리어 트렌드인 '셀프 인테리어'에 관한 정보를 시청자의 입장에서 보다 쉽고 재미있게 전달하기 위한 국내 최초 셀프 인테리어 리얼리티다. 또한 스타들이 직접 자기 집을 고치는 모습을 리얼하게 담았다.

디자이너와 한 팀을 이룬 스타가 실제 거주하는 집 공간을 손수 시공하는 과정을 진행하면서, 인테리어를 진행하는 공정 기간 동안 셀프 인테리어를 하면 발생할 수 있는 크고 작은 에피소드를 적나라하게 보여준다.[49]

<헌 집 줄게, 새 집 다오>의 성치경 CP는 '공간을 바꾸면 인생이 바뀐다.'는 프로그램 슬로건처럼 우리가 생활하는 공간의 중요성을 다시 한 번 일깨울 수 있는 계기가 되었으면 한다고 제작의도를 밝혔다. 셀프 인테리어는 가격 대비 효율성이 중요한 만큼, 이 프로그램은 개조 비용도 99만원 미만으로 정했다. 따라서 알짜 인테리어 정보를 통해 누구나 셀프 인테리어를 할 수 있다는 용기를 주고 있다.

그림 62 내 방의 품격

49) <헌집줄게 새집다오> 프로그램 정보

<헌 집 줄게, 새 집 다오>가 비포 앤 애프터가 주는 재미에 집중했다면 <내 방의 품격>은 인테리어 토크쇼다. 인테리어 재료 구입 법, 가구 리폼 하는 법, 소품 만드는 법 등 다양한 분야에 걸친 셀프 인테리어 '고수'가 나와 노하우를 전한다. 4만 8천 명의 팔로워를 거느린 파워블로거 최고요, 40년 된 15평 아파트를 개조했던 류민지가 초대 손님이다. 방송에서 기존의 인테리어 전문가가 최종 들어간 비용을 약 3백만원 정도로 예상했지만 실제로 류민지가 사용한 비용은 90만원 대 남짓이었다. 이렇듯 셀프 인테리어의 가장 큰 장점은 비용 절감 효과라는 것을 알 수 있다.[50]

② 관련서적

그림 63 좋아하는 곳에 살고 있나요?

'셀프 인테리어' 열풍이 커지면서 일반인들이 집필한 관련 서적들도 많이 출간 되었다. <좋아하는 곳에 살고 있나요?>의 저자 최고요는 공간디렉터다. 공간디자인회사 'TAN CREATIVE'를 운영하고 있다. 평범한 회사원 시절 "하루를 살아도 내가 좋아하는 공간에서 살고 싶다"는 마음으로 시작한 셀프 인테리어 이야기를 담은 블로그로 주목 받으며 공간 관련 일을 시작했다.

---

50) 쿡방 다음 '집방'/allure

셀프 인테리어 방법과 다양한 공간 아이디어를 제공한 그녀의 블로그 '고요의 집'은 유행하는 스타일을 따르지 않고, 자기만의 취향으로 집을 가꾸고 싶은 이들에게 입소문이 나 170만 방문자가 찾았다. 그 공간이 주인에게 잘 맞는 옷처럼 입혀지길 기대하며 공간디자인 작업을 한다는 그녀는 누구나 자신의 공간에서 행복해지기를 바라며 이 책을 썼다고 한다.[51]

그림 64 싱글룸 인테리어의 모든 것

<싱글룸 인테리어의 모든 것>은 내 집 또는 내 방을 감각 있게 꾸미고 싶은 싱글들은 물론 나만의 공간을 갖고 싶어 하는 사람들을 위한 모든 인테리어 정보를 한 권에 총망라한 도서이다. 매거진 에디터, 헤어 디자이너, 편집 디자이너, 그래픽 디자이너, 사진작가, 셰프 등 트렌드를 주도하는 크리에이티브 리더들의 라이프 스타일 스토리와 그들의 생생한 인테리어 실전 노하우를 엿볼 수 있다.

리빙 스타일리스트에게 배우는 인테리어의 기본 법칙과 침실, 주방, 책상, 욕실, 조명, 소품 등 공간을 스타일리시하게 꾸며주는 아이템에 대한 정보도 풍성하게 담겨 있다. 또한 실속파 싱글들을 위해 가격과 실용성, 디자인까지 만족스러운 반 조립식 DIY 가구와 가볍고 유니크한 종이 가구 등 이색적이고 활용도 높은 가구 브랜드를 알 수 있으며 각 브랜드의 MD가 추천하는 스테디셀러 아이템 정보도 담겨 있다.[52]

---

51) <좋아하는 곳에 살고 있나요?> 최고요 휴머니스트/교보문고 책정보
52) <싱글룸 인테리어의 모든 것> 정소정 길벗/교보문고 책정보

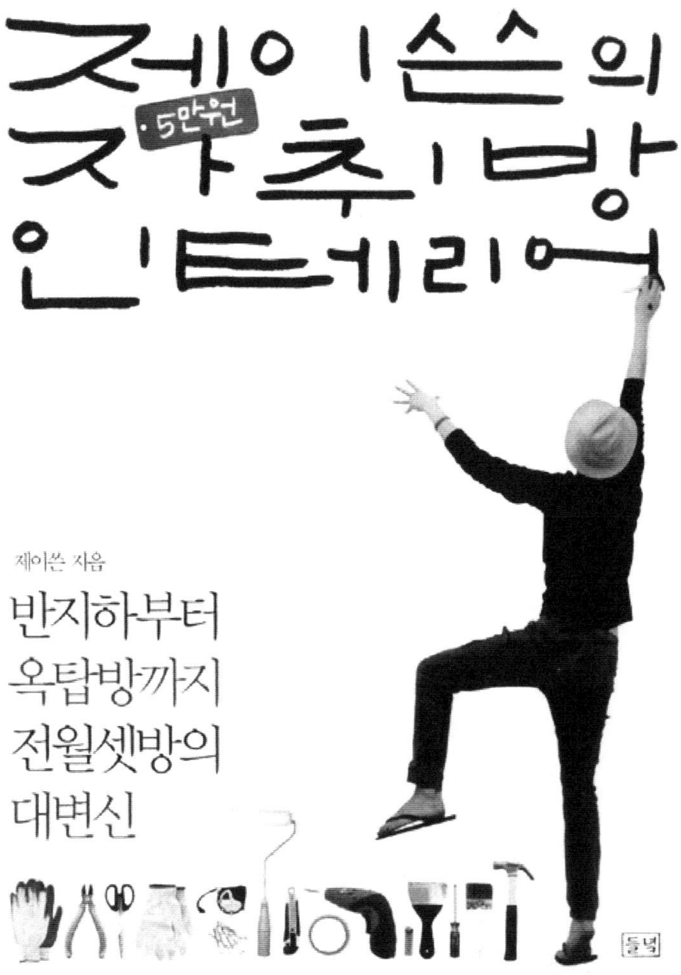

그림 65 제이쓴의 자취방 인테리어

저자 '제이쓴'은 인테리어에 관심이 많은 블로거 사이에서 특출하고 유별난 인테리어 블로거로 유명하다. 3만 원이 안 되는 금액으로 낡은 싱크대와 주방 공간을 '블랙&화이트'의 체크무늬가 흐르는 모던한 공간으로 탈바꿈하고, 5년 된 누리끼리한 소형 냉장고를 유럽의 유명 브랜드를 떠올리게 하는 냉장고로 리폼 하고, 늘 습기가 차서 축축하고 을씨년스럽기만 한 화장실을 홍대 카페에서나 있을 법한 고급스러운 화장실로 바꾸고, 7만 원대 비용으로 자신의 자취방을 카페로 만드는 비법을 소개한다.

또한 제이쓴이 활용하는 재료는 평범하다. 동네에 있는 생활용품점('다이소', '천원샵' 등), 동네 철물점, 전파사, 목공소 그리고 대형마트와 인터넷 오픈 마켓에서 구입할 수 있는 '친 서민적'이고 '친 자취생적'인 재료를 사용하여 누구나 쉽게 따라할 수 있는 인테리어 팁을 담았다.[53)]

53) <제이쓴의 5만원 자취방 인테리어> 제이쓴/예스24 책정보

(4) 홈보안

싱글족의 주거문화 중 필수적인 것은 **'홈 보안 서비스'**라고 할 수 있다. 특히 여성이 혼자 사는 1인 가구의 경우에는 더욱 필요성이 높아진다. 따라서 현재 국내 물리보안 업계 에스원, ADT캡스, KT텔레캅, NSOK 등은 '홈 보안 시장' 선점을 위해 분주하다.

① 에스원

그림 66 에스원 세콤이지

에스원은 일찌감치 자가 방범용 IP카메라 '세콤이지' 서비스를 실시하고 있다. 세콤이지는 사물인터넷(IoT) 기술 기반으로, 홈CCTV에 UWB센서(레이더 기술을 이용한 센서)를 결합한 일체형 보안상품이다. 일반 홈CCTV와는 달리 경비 기능을 강화했으며 프라이버시 모드, 펫 모니터링 등 1인 가구를 위한 사용 편의성과 사생활 보호 기능을 강화한 것이 특징이다. 에스원은 세콤이지를 통해 1인 가구에 특화된 부가 서비스를 지속적으로 제공해 나가겠다는 전략을 밝혔다.[54)]

또한 홈보안 시스템 '세콤 홈 블랙박스'는 정보통신기술(ICT)을 결합해 긴급출동 서비스에 가스, 조명, 전력, 보일러 등 집안의 모든 상황을 원격으로 제어할 수 있어 사용 편리성이 높다.[55)][56)]

54) 1인가구 증가 고령화 사회, 물리보안업계 '홈 보안 시장'에 주력/아주경제
55) 에스원 홈페이지
56) 1인 가구 보디가드 '홈 보안서비스' 3 pick /싱글리스트

② ADT캡스

그림 67 ADT캡스 캡스홈

또한 ADT캡스는 가정용 보안 서비스 '캡스홈'을 새롭게 선보였다. 캡스홈은 국내 인구학적 특성과 공동주택 중심의 주거 환경을 면밀히 분석, 개발해 주거 보안에 최적화된 서비스다. 24시간 현관문 및 창문을 통한 침입 감지 서비스를 제공하고, 이상신호 발생 시 ADT캡스 상황실로 통보해 최단거리의 출동대원이 신속히 현장으로 출동한다.

캡스홈은 현관문 앞 배회자를 실시간으로 감지해 고객에게 알려주는 '보디가드 서비스'와 홈CCTV인 '뷰가드 미니' 등도 제공하고 있다. 집 앞 상황이 궁금할 때는 현관 밖의 상황을 살펴보거나 직접 사진이나 동영상을 촬영할 수 있어 주로 현관문을 통한 침입 위험이 높은 아파트, 다세대주택, 원룸 거주자에게 유용하다.[57)]

57) ADT캡스 홈페이지

③ KT텔레캅

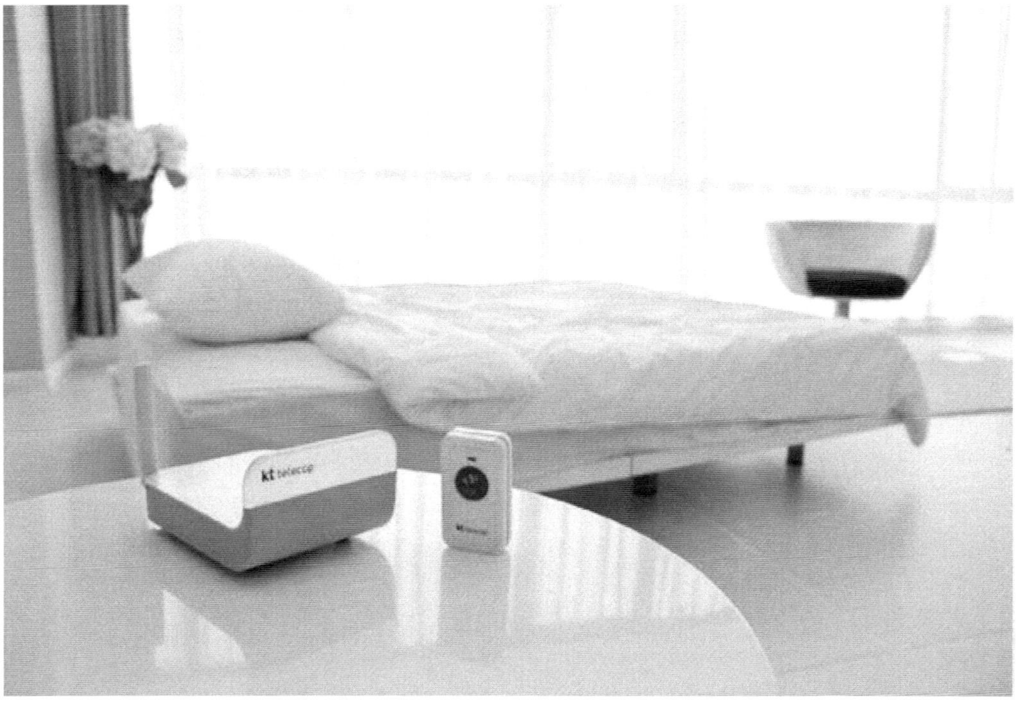

그림 68 KT텔레캅 홈가드

KT텔레캅도 대표적인 1인 가구용 서비스인 '홈가드'를 앞세워 홈 보안 시장 공략에 뛰어들었다. 이 제품은 가입 시 제공되는 무선감지기를 통해 외부침입 감지 시 중계 장치에서 경고방송과 사이렌이 울리며, 지정된 휴대폰 번호로 문자메시지 통보를 해준다. 전용 스마트폰 앱을 통해 원격으로 쉽게 다양한 기능을 제어할 수도 있다.

④ NSOK

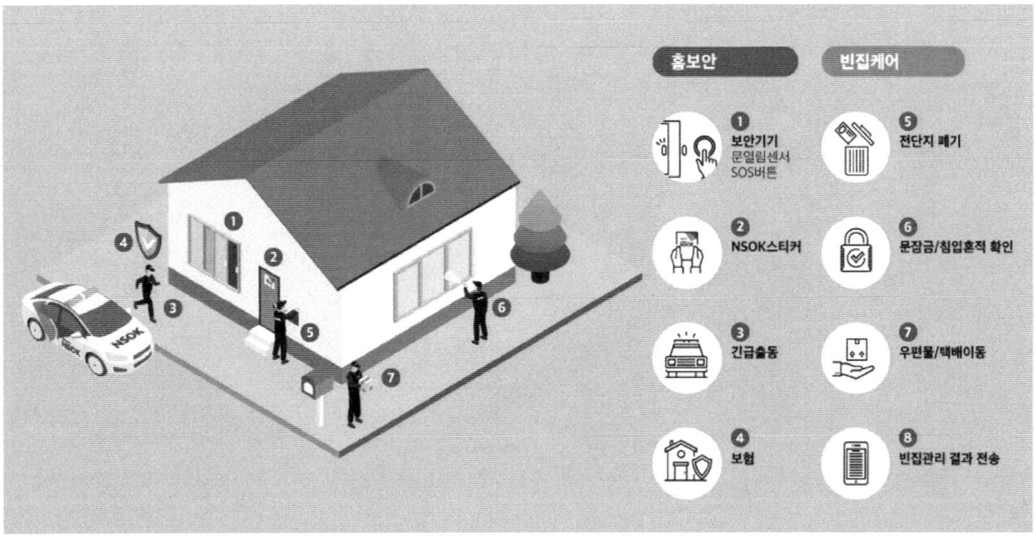

그림 69 NSOK 홈n안심 서비스

NSOK의 경우 '홈n안심' 서비스를 제공하고 있다. 홈n안심 서비스는 위험 발생 시 SOS 버튼을 누르면 NSOK 출동요원이 신속히 출동하며, 주변 5명의 지인에게 자동으로 위험 상황을 알릴 수 있는 문자메시지도 발송된다. 장기간 집을 비울 경우 보안요원이 방문해 집의 문이나 창문의 잠금 상태를 확인해주고 전단지를 폐기해주는 '빈집 케어 서비스'도 함께 제공한다.[58]

(5) 홈케어

싱글족 혼자서 직장도 다니고 살림도 챙겨야 하니, **'홈케어'**를 대신 해주는 서비스에 대한 필요도가 높아지고 있다.

58) NSOK 홈페이지

① 와홈

그림 70 와홈

‘와홈’은 원하는 날짜와 시간을 택하면 전문적인 헬퍼가 방문하여 청소를 해주는 시스템을 운영하고 있다. 시간 당 9900원으로 계산되며 서울 전 지역과 위례 신도시에 서비스 되고 있다.59)

그림 71 와홈 시스템

59) 와홈 홈페이지

② 홈마스터

그림 72 홈마스터

'홈마스터'는 평수에 따라 가격을 책정한다. 이곳의 직원들은 청소 이론 수업과 현장 실습 과정을 필수적으로 이수해 전문성을 높였다.[60]

③ 이사모아

그림 73 이사모아

싱글족 들이 혼자 이사를 하게 될 경우, 이런저런 준비할 것이 너무 많기 마련이다. 홈케어 서비스 앱 '이사모아'는 국내 1위의 이사 O2O앱으로, 600개 이상의 전국 이사 업체와의 제휴를 통해 이사 업체 비교견적을 통한 이사 서비스를 제공하고 있다.

60) 홈마스터 홈페이지

다른 어플에 비해 깔끔해 보기 편하며, 자신이 원하는 가격 선에서 이사 금액을 알아볼 수 있어 유용하다. 일일이 전화를 걸거나 발품을 팔지 않아도 되기 때문에 많은 사람들이 이용하고 있으며, 전문가가 직접 집에 방문하지 않아도 바로 바로 이사 견적을 받아볼 수 있다.

④ 대리주부

그림 74 대리주부

'대리주부'는 집안일에 관한 모든 것을 대신 해주는 진정한 홈케어 서비스다. 음식, 포장이사, 전문 청소, 장보기, 반려동물 산책, 베이비시터 등 서비스 목록 가운데 자신이 필요한 카테고리를 골라 들어가면 제목과 업무종류, 업무장소, 집 평수 등을 설정한 후 견적을 요청할 수 있다. 싱글족 뿐 아니라 주부들도 많이 사용하고 있는 서비스다.[61]

---

61) 싱글족과 주부들을 위한 유용한 홈케어 서비스앱/데일리라이프

⑤ 세탁특공대

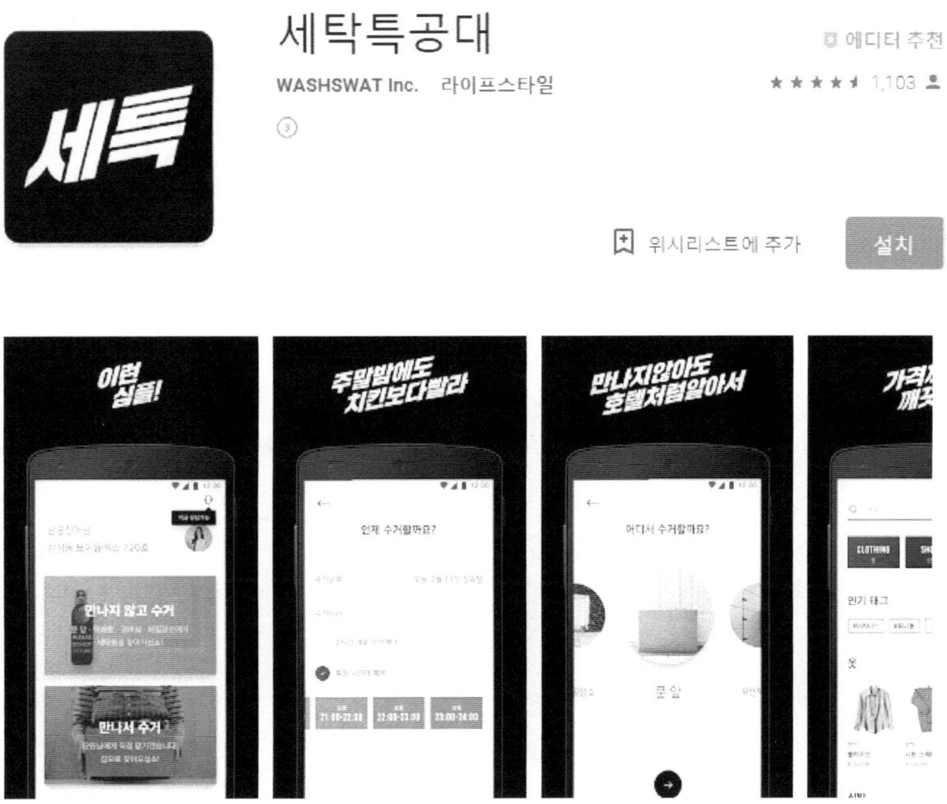

그림 75 세탁특공대

'세탁특공대'는 매일 밤 12시까지 시간, 장소에 상관없이 세탁물을 수거한다. 오늘 맡긴 옷은 바로 다음날 받아볼 수 있는 신속한 배달이 특징이며 빨래, 드라이, 신발 등 각 분야 전문가에게 맡길 수 있다. 현재 강남구와 서초구 지역에서만 서비스가 제공된다.

⑥ 크린바스켓

그림 76 크린바스켓

‘크린바스켓’은 직접 세탁소에 가지 않아도 앱을 통해 세탁 서비스를 신청하면 집으로 찾아와 옷을 가져가 세탁한 뒤 배달까지 완료해주는 서비스다. 24시간 서비스를 운영하고 있으며 주로 맞벌이 부부나 1인 가구의 이용이 많다.

3) 재정관리

(1) 우리은행

1인 가구 관련 시장 규모가 점점 커지면서, 금융권에서는 발 빠르게 솔로이코노미를 주요 타깃으로 하는 상품을 속속 내놓고 있다. 은행과 카드사, 보험사는 물론 최근엔 증권사와 자산운용사도 솔로이코노미를 타깃으로 한 상품을 선보이고 있다. 주요 대상은 현재 20~40대지만 점차 50~60대로 그 범위가 확대될 전망이다.

우리은행의 '올포미' 적금 및 카드 패키지는 싱글족 들이 자주 이용하는 대형할인점과 편의점, 대중교통 등에 최대 10%까지 할인 혜택을 제공한다.[62]

그림 77 우리은행 위비방콜론

우리은행은 부동산114(주)의 모바일 부동산 중개 플랫폼인 '방콜'과 제휴해 모바일 전용 대출상품 '위비 방콜론'을 출시했다. '위비 방콜론'은 '방콜'을 통해 원룸이나 오피스텔 등 방을 구하면서 추가적으로 일부자금이 필요한 경우 이용할 수 있는 위비뱅크 전용대출로, 위비뱅크와 위비마켓을 통해 24시간 365일 언제든 대출신청이 가능하다.

62) 우리은행 금융상품

서울보증보험증권 발급이 가능한 고객이라면 소득, 직업에 관계없이 누구나 신청 가능하며, 대출한도는 최대 2천만 원 까지다. 방콜 고객이 우리은행을 이용하면서 이 대출을 받을 경우 최대 연 최대 0.3%포인트까지 금리우대 가능하며, 위비톡 이용 시에도 금리우대 혜택이 제공된다. 대출 금리는 상품출시일 현재 우대금리 포함 최저 연 5.76%이다.63)

(2) KB국민은행

그림 78 KB 일코노미 청춘 패키지

'KB 일코노미 청춘 패키지'는 고객의 소비, 건강, 주거안정부터 저축과 투자까지 1인 가구의 생활방식에 최적 설계되었다. 특히 'KB 일코노미 스마트적금'은 출시 1개월 만에 1만개를 돌파했고 7개월 만에 10만개를 돌파했다.

스마트적금은 1인 가구가 생활에서 느끼는 불안감을 커버할 수 있는 생활안심보험(주말 상해 및 자동차사고 성형의료비 보장)과 여행자보험을 무료 부가서비스로 탑재해 제공했다. 이 같은 세심한 상품 구성 덕분에 스마트폰 전용 상품임에도 괄목할 만한 성과를 냈다는 평가다. 패키지 구성 상품은 1인 가구 중 특히 20~30대의 생활 니즈와 직결되는 구조로 설계됐다.

63) 우리은행 위비뱅크, '위비 방콜론' 출시/헤럴드경제

KB 일코노미 오피스텔대출, KB국민 청춘대로 일코노미 카드, KB 일코노미 암보장 건강보험, KB 일코노미 주식형 펀드, KB 일코노미 ELS 등도 1인 가구 맞춤형으로 설계된 상품이다.

오피스텔 전용 대출 상품은 1인 가구 맞춤형 우대이율 등을 제공한다. 일코노미 카드는 편의점 할인 혜택을 중시하는 1인 가구 특성을 감안해 해당 업종 할인 비중을 기존 카드보다 높은 20%로 책정했다.

KB 일코노미 주식형 펀드는 1인 가구 증가에 주목한 투자형 상품으로, 음식료, 생활 업종 등 소비재, 바이오, 헬스케어 업종의 유망기업을 발굴해 투자하는 펀드다.[64)]

그림 79 KB국민은행 펫신탁

KB국민은행의 '펫신탁' 상품은 반려동물 주인이 은행에 미리 반려동물 양육자금을 맡기고, 본인 사후에 반려동물을 돌봐줄 새로운 양육자에게 양육자금을 지급하는 상품이다. 기존 상품은 반려동물 양육자만 가입할 수 있었던 반면 이제는 누구나 가입이 가능하도록 대상을 확대하고 의료비나 입양을 위한 인출이 가능토록 했다.

---

64) KB국민은행 'KB일코노미 청춘 패키지'/매일경제

반려동물 양육자는 물론 장래에 반려동물 입양을 계획 중이던 고객들도 가입이 가능해짐에 따라 아직 경제력이 부족한 유스(Youth)고객에게도 큰 관심을 끌 것으로 보인다. 또 양육자금 상속 기능 외에 반려동물 입양, 의료비 등을 위한 자금 일부 인출 기능이 부여돼 자금 운용의 유연성까지 더해졌다.[65]

65) KB국민은행, 펫신탁 상품 가입대상, 기능 확대/파이낸셜뉴스

(3) NH농협

그림 80 NH쏠쏠패키지

'NH-쏠쏠 패키지'는 개인의 삶의 질 향상과 여유롭고 합리적인 라이프스타일을 지향하는 나 홀로 족의 금융니즈를 반영한 카드·적금·대출 등의 복합금융상품이다.

'NH-쏠쏠카드'는 혼밥·혼술을 즐기고 생활의 편의를 중시하는 1인 가구의 소비 성향에 맞춰 편의점, 커피, 외식베이커리, 온라인쇼핑, 휘트니스, 반려동물, 영화, 세탁, 대중교통 등의 업종에서 이용 시 3%에서 최고 12%의 할인혜택을 제공한다. 또한 매스티지(TwoPlus) 등급으로 가입할 경우에는 매년 국내선 동반자 무료 항공권, 캡슐호텔 이용권·공항 발렛파킹, 친환경 농산물 꾸러미 등 농협a마켓 3만원 청구할인 등의 바우처 서비스도 선택할 수 있다. 이와 함께 연말까지 SolSol(쏠쏠)카드 신용판매 이용액의 0.01%를 농심(農心)기금으로 적립해 농업·농촌 발전 지원 및 지역사회 공헌을 위해 활용할 계획이다.

'NH-쏠쏠적금'은 솔로들의 여행 등 여가활동 비용 마련을 위한 월 납부금 50만원 이하의 소액적금으로, 쏠쏠카드 보유고객이면 가입이 가능하며 카드이용·대출금이자납부·급여이체실적이 있는 경우 만기 해지 시 최고 0.3%의 우대금리와 함께 카드결제대금 할인쿠폰 1만원권을 제공한다. 또한 'NH-쏠쏠대출'상품은 나 홀로 족이 주로 거주하는 오피스텔 임차를 위한 전·월세자금 대출과 모바일 전용 자동차구입자금대출로 구성되어 있다.[66]

(4) 하나은행

그림 81 하나 시크릿 적금

KEB 하나은행에서는 자기계발에 관심이 많은 1인 가구를 위해 '하나 시크릿 적금'을 출시했다. 체중 감량이나 토익 점수 상승, 금연 등 본인이 설정한 목표를 달성하면 우대 금리를 받을 수 있는 것이다. 만기 1년 기준 최고 금리는 연 2.9%다. 자신에게 주는 격려와 힐링을 테마로 적금상품에 금리 혜택과 재미까지 곁들인 상품 '셀프 기프팅 적금'도 있다. 한 달에 한 번씩 총 4개월간 선물 퍼즐을 완성하면 최대 연 1.0%의 퍼즐금리를 제공한다. 우대금리 항목을 충족하면 '선물상자'에서 '금리 받기' 버튼을 누르면 되는데, 클릭 시 바로 금리가 올라가는 이미지를 보여줘 시각적인 기쁨을 선사한다.[67]

66) '나홀로족'을 위한 NH-쏠쏠패키지 출시/중부매일
67) 싱글족 집 몸 돈 챙기는 금융상품 8개/S라이프스타일

(5) 신한은행

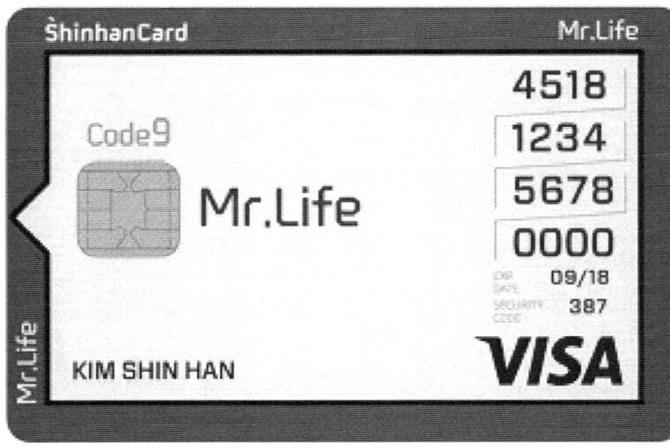

그림 82 신한카드 미스터라이프

신한카드의 코드나인(Code9) 10번째 상품 '신한카드 미스터라이프(Mr. Life)'는 주거 관련 지출이 큰 1인 가구를 소비자 타켓으로 한 금융상품이다. 코드나인은 신한카드가 고객의 카드 사용 행태 등 정형 데이터와 각종 비정형 데이터를 결합해 만든 상품 개발 체계다.

주거 관련 지출이 큰 1인 가구의 특성을 반영해 각종 자동이체요금 할인 혜택을 제공한다. 이 카드로 전기, 도시가스 요금과 SKT, KT, LG U+ 통신요금(인터넷·집전화·이동통신·결합상품 포함)을 자동이체하면 건당 5만원까지 10%를 월 최대 1만원까지 할인 받을 수 있다.

또한 주말에는 3대 할인점(이마트·홈플러스·롯데마트, SSM 및 온라인 몰 포함, 상품권 제외)에서 1일 1회 결제금액 5만원까지 10%를 할인해 주고, 4대 주유소 (SK·GS칼텍스·S-OIL·현대오일뱅크, LPG제외)에서 주유 시 1회 10만원, 월 30만원까지 리터당 60원을 할인해 준다. 자동이체 및 주말할인 한도는 전월 신용판매 이용금액이 30만원·50만원·100만원 이상 이면 각각 3000원·7000원·1만원씩이다. 타임 할인은 24시간과 야간(밤 9시~아침 9시)으로 업종이 나뉜다.

우선 24시간 서비스로는 편의점, 병원·약국, 세탁소 업종에서 각각 일 1회, 월 5회, 건당 1만원까지 10% 할인이 제공된다. 야간에는 온라인쇼핑(옥션·G마켓·AK몰·11번가·티켓몬스터·위메프·쿠팡), 택시, 식음료 업종에서는 각각 일 1회, 월 10회, 건당 1만원까지 10% 할인 서비스를 제공한다. 타임 할인 한도는 전월 신용판매 이용금액이 30만원·50만원·100만원 이상 이면 각 1만원·2만원·3만원까지 제공된다.[68)]

68) 신한카드, 1인 가구 타깃 '미스터라이프카드' 고객들에 호응/EBN

그림 83 신한 헬스플러스 적금

신한은행에서는 건강관리에 신경을 많이 쓰는 1인 가구를 위한 상품을 판매하고 있다. '신한 헬스플러스 적금'에 가입하면 건강과 경제적 이득을 동시에 챙길 수 있다. 만기 전까지 건강 마일리지 목표를 달성하면 우대이율을 제공하는 방식이다. 어플리케이션(앱)을 설치하고 10만 보 이상 걷기, 식단 기록하기, 수면 패턴 기록하기 중 1개를 선택하면 된다. 만기는 1년이고 이자율은 최대 연 2.0%다.

그림 84 신한 두배드림 적금

신한은행의 '신한 두 배 드림(DREAM) 적금'은 소득이 불규칙한 프리랜서, 아르바이트생, 노년층, 주부 고객을 겨냥했다. 목표금액 100만원, 300만원, 500만원 중 하나를 선택해 매월 정해진 금액을 납입하면 된다. 적금 가입기간 24개월 중 신한은행 입출금 통장으로 매월 10만원 이상 12개월 동안 입금하면 기본 이자율(연 1.3%)의 2배인 연 2.6%가 적용된다.

또한 신규로 가입할 때 3가지 목표 금액 중 하나를 선택해 매월 꾸준히 입금하는 구조이기 때문에 고객이 꾸준한 저축 습관을 유지할 수 있도록 도와주는 상품이다. 100만 원의 목표를 세운 경우 한 달에 4만1000원, 300만 원의 경우 12만3000원, 500만 원의 경우 20만4000원을 매달 부으면 된다.

'신한 두배드림 적금'은 높은 금리, 단순하고 쉬운 우대금리 요건, 목표 금액 선택을 통한 동기부여 등으로 고객들의 높은 호응을 얻고 있다.[69)]

(6) 삼성카드

그림 85 삼성카드 taptap I

삼성카드는 한 장의 카드로 일상과 여가 혜택을 자유롭게 변경해가며 사용할 수 있는 '삼성카드 탭탭 아이(taptap I)'를 선보였다. 가성비를 중시하는 싱글 라이프, 특히 욜로족의 소비트렌드에 초점을 맞춘 것이다.

'taptap I'는 나(I)를 위한 소비 및 1인 라이프(로마숫자I)를 상징하며, 가성비 중심의 소비 활동 속에서도 여행, 여가 등 자신을 위한 소비는 아끼지 않는 1인 가구의 소비 특성을 반영한 상품이다.

고객은 생활 밀착형 서비스로 구성된 '일상 패키지'와 여행특화 서비스로 구성된 '여가 패키지' 혜택을 선택할 수 있다. 서로 다른 혜택을 담은 신용카드를 변경해가며 사용하는 것과 같다. 패키지는 매월 삼성카드 taptap 앱을 통해 변경할 수 있다.

69) 신한 두배 드림 적금 고객들에게 인기/dongA

일상패키지 혜택은 대형마트보다 온라인 쇼핑을 이용하고 번거로운 집 세탁 보다는 세탁소 방문을 즐기며, 여가·반려동물 관련 업종이 많은 소비 특성을 반영했다. 주요 일상패키지 혜택은 스타벅스 등 10대 커피전문점, 파리크라상에서 30% 결제일할인 생어거스틴, 발재반점, 신선식품 배송 서비스 배민프레시에서 20% 결제일할인 슈퍼마켓, 온라인쇼핑, 프리미엄 아울렛, 세탁업종에 3% 결제일할인(이상 각 월 1만원) 등이다.[70]

4) 취미·문화생활

(1) 여행

싱글족을 '포미족'이라고 부르기도 한다. 포미족은 개인별로 가치를 두는 제품에 과감한 투자를 아끼지 않는 사람들을 말한다. 포미(For Me)란 건강(For health), 싱글족(One), 여가(Recreation), 편의(More convenient), 고가(Expensive)의 알파벳 앞 글자를 따서 만든 신조어로, 자신이 가치를 두는 제품은 다소 비싸더라도 과감히 투자하는 소비 행태를 일컫는다.

이러한 자기지향성이 강한 젊은 층의 1인 가구는 '여행(41.6%)', '자기계발(36.0%)', '레저·여가(32.8%)', '건강(32.0%)', '취미(26.0%)' 등의 순으로 지출 의지가 큰 것으로 나타났다. 따라서 1인 가구의 취미·문화생활로 '여행'을 빼놓을 수 없다.[71]

글로벌 온라인 여행사 트립 닷컴은 "그간 '욜로(YOLO: 현재 자신의 행복을 가장 중시하고 소비하는 태도) 열풍' 속에서 이미 자리를 굳힌 여행 트렌드는 한동안 지속될 것"이라고 말했다.

또한 **'욜로'에 이어 '소소'도 최근 주목받고 있는 여행 트렌드**이다. '느리지만 확실히(Slowly but Surely)', '평범한 일상(Ordinary Occasion)', '소리 없이 멋진 삶(Silent, but Wonderful Life)', '남들과 다른 나만의 특별함(One of a Kind)'의 앞 글자를 따서 만든 신조어다. 이는 '그저 그렇다'가 아니라 '다름을 찾아 다양한 가치를 즐기는 것'을 의미한다.

'소소'한 여행 트렌드는 3가지로 요약될 수 있다. 첫째는 '다구 간 항공권'이다. PC와 모바일 등을 활용해 언제 어디서나 항공권을 수시로 검색, 예약하는 이들이 증가하면서 새롭게 각광을 받고 있는 것이 바로 '다구 간 항공권'인 것이다. 이는 '경유 항공권'과는 달리 여러 목적지에 스톱 오버를 목적으로 예약하는 항공권을 뜻한다.

---

70) 욜로족 시선 끄는 삼성카드 taptap I/비즈니스워치
71) 나는 나를 사랑해, 포미(For me)족/인터파크 북DB

기존엔 유럽이나 북미와 같이 넓은 지역으로 떠나거나 저렴하게 여행하기 위해 다구간 항공권을 예약했다. 하지만 최근엔 더욱 '천천히', '확실히' 보고 경험하는 나만의 여행을 위해 다구 간 항공권을 예약하는 사례가 늘고 있는 것이다. 모바일이나 PC로 간편하고 신속하게 항공권을 예약하는 이들이 가장 빠른 노선을 선택하지 않고, 일부러 천천히 돌아가는 여정을 택하는 이런 행보는 앞으로 더욱 활성화될 전망이다.

둘째는 '테마 여행'이다. 평범함 속에서 특별함을 찾고자 하는 '소소' 정신을 반영하는 또 다른 여행 트렌드다. 요즘 가장 인기를 얻고 있는 테마 여행은 '식도락'이다. '여러 가지 음식을 두루 맛보기 위한 여행'이라는 뜻이다. 이와 같이 일상에서 어렵지 않게 즐길 수 있는 활동들이지만 여행지에서 즐기면 더욱 색다른 경험이 될 수 있어 많은 여행객들이 '테마여행'을 선호하고 있다.

여행사들은 이러한 움직임에 맞추어 특정 분야의 전문가와 함께 테마 여행을 할 수 있는 패키지를 꾸준히 선보이고 있다. 또 욜로족을 겨냥한 독서 여행, 디지털 디톡스 여행 등보다 색다른 테마들이 등장하여 이른바 테마 여행의 진화가 예상된다.

셋째는 '스테이케이션'이다. 스테이케이션(Staycation)은 Stay+Vacation의 합성어로 한 곳에서 머물며 휴식을 취하려는 여행을 의미한다. 수도권 거주 미혼여성 1000명을 대상으로 진행한 설문조사에서 호텔을 예약한 주요 목적으로 '호텔 안에서 휴식을 즐기기 위해서'라는 답변이 21.3%를 차지한 바 있다.

이러한 추세에 맞추어 호텔 업계에서는 각종 서비스나 테마로 기획된 패키지를 선보이고 있다. 또 루프톱 바나 인피니티 풀, 독특한 스파 서비스와 같이 호텔 밖을 나가지 않고도 즐겁게 지낼 수 있는 시설을 앞 다투어 갖추고 있어 '스테이케이션'을 즐기고자 하는 싱글족이 앞으로 더 늘어날 전망이다.[72)]

혼행은 홀로 여정을 보내다 보니 일행의 눈치를 볼 필요도 없고, 현지 문화도 내 방식대로 경험할 수 있다. 하지만 숙박비 등 경제적 부담이 적잖고, 안전 우려도 크다. 아이러니하게도 외로움을 감당해야 하는 문제도 있다.

이런 단점을 보완, 극복하려는 혼행족에게 대안으로 제시된 것이 '콘택트(Contact) 플랫폼'이다. 소셜 네트워킹을 기반으로 자신의 취향과 일정을 다른 혼행족과 공유, 여행 스타일이 같은 혼행족끼리 일부 일정을 동행할 수 있게 하는 서비스다. 혼행과 동반여행이 각각 가진 장점을 모두 누릴 수 있게 하는 셈이다. 이는 한국인은 물론 외국인과도 여행을 함께할 수 있도록 하는 서비스로 점점 확대하고 있다.

---

72) 느리지만 특별하게 '소소 여행'이 뜨고 있다/뉴스1

이와 달리 '언택트(Untact) 서비스'도 늘어나고 있다. 인간적인 접촉을 생략한 상태에서 영위할 수 있는 무인 또는 셀프 서비스다. 빅데이터, 인공지능, 사물인터넷 등을 활용한다. 실제 일부 공항이나 호텔은 이미 여행객이 직원을 응대를 받을 필요 없이 스스로 알아서 탑승 수속이나 체크인·아웃을 할 수 있도록 했다. 트립닷컴이 시험 서비스 중인 얼굴 인식 기능을 활용해 예약한 호텔에서 체크인하는 '스마트키'도 이에 해당한다.73)

(2) 공연·전시회

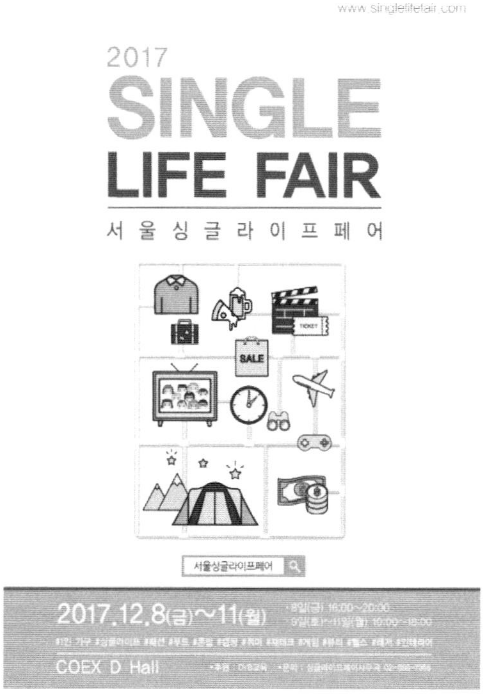

그림 86 2017 서울싱글라이프페어

'싱글라이프'를 주제로 전시회가 개최 되었다. 서울싱글라이프페어 사무국은 혼자 살면서도 '나'의 삶에 집중하고자 하는 싱글들을 위한 제품을 판매하고 라이프스타일을 제안하는 '2017 서울 싱글라이프 페어'를 개최 했다고 밝혔다. 행사는 2017년 12월 8일부터 11일까지 서울 삼성동 코엑스에서 진행 되었다.74)

전문 전시기업 (주)리드엑스포가 주최하는 '2017 싱글페어'는 1인 가구를 위한 우수하고 다양한 제품과 서비스, 즉 솔로이코노미 관련 신제품 및 신기술이 한자리에 모였다.

73) 혼행도 진화한다, 2018 여행 트렌드 예측/뉴시스
74) "싱글족 잡아라!" 서울싱글라이프페어 참여업체 모집/머니투데이

이러한 싱글페어는 1인 가구(싱글족)의 삶의 질 향상에 대한 대책을 마련하고, 변화하는 사회와 가구 구조에 부합하는 소비 환경을 조성하며, 관련 산업의 판로를 확대하여 시장의 활성화를 유도하는 데에 그 목적이 있다.

그림 87 2017 서울싱글라이프페어 전시 분야

출품품목으로는 패션 부문, 싱글 푸드 부문, 주택 부문, 싱글 인테리어 부문, 라이프플랜 부문, 레저 부문, 취미 부문, 뷰티·건강 부문, 싱글서비스 부문으로 이루어지며 1인 가구에게 필요한 모든 분야의 산업이 참여했다.

그리고 전시장 구성은 인간이 행복하게 살 수 있는 『의(衣)식(食)주(住)휴(休)미(美)락(樂)』의 6가지 테마로 구성해 한층 볼거리를 더하고, 다양한 관련제품들을 직접 만나볼 수 있는 즐거운 전시로 꾸며졌다.[75]

75) 늘어나는 '나 혼자 산다' 13일까지 코엑스서 싱글페어 열린다/중앙일보

그림 88 일로와페스티벌

‘일로와페스티벌’은 서울시와 한강사업본부가 주최하는 싱글족을 위한 축제다. 싱글 라이프를 제대로 즐기고 싶은 사람들을 대상으로 혼자 하는 취미를 공유하고 새롭게 즐기는데 의의가 있다.

망원한강공원 내 서울함공원에서 펼쳐지며 버스킹 공연과 DJ TIME, 재즈공연, 토크 콘서트 등 다채로운 프로그램이 진행된다. 여기에 ‘생활맥주’는 협찬사로 참여해 참가자 네트워크 타임에 ‘혼술 문화’도 전파한다.[76]

(3) 키덜트

‘키덜트’는 **어른과 아이의 합성어(Kids+Adult)**로, 성인이 되어서도 만화. 게임 등에 열광하는 어른이라는 뜻이다. 급증하는 1인 가구와 ‘욜로 라이프’ 증가도 키덜트 문화 확산에 한 몫하고 있다. 부양가족이 없어 주변의 눈치를 볼 필요 없는 1인 가구는 취미생활과 자신의 관심사에 대한 투자를 아끼지 않고 있는 실정이다.

---

76) 생활맥주, 싱글족을 위한 ‘일로와페스티벌’ 참여/로이슈

그림 89 나혼자산다 키덜트 연예인

키덜트 산업이 성장한 배경에는 심리적 요인이 크게 작용한 것으로 분석된다. 유년 시절의 향수를 추억에만 가둬두지 않고 관련 상품을 소비하면서 스트레스를 해소하고, 심리적 안정을 얻고 있다는 설명이다. 서용구 숙명여대 경영학부 교수는 <SBS CNBC>와의 인터뷰에서 "키덜트 현상은 과거에 좋았던 향수에 기대어 자기만족을 추구하는 부분 사치 현상과 더불어 일어나고 있다."고 설명했다.[77]

피규어 · 프라모델 등 키덜트 종합 전시회 '키덜트&하비엑스포'는 프라모델, 피규어, 아트토이, 페이퍼토이, 보드게임, 만화, 인형, 미니어처, RC자동차, 드론 등 국내에서도 인기가 높은 어른들의 취미 상품들을 한데 모아 만나볼 수 있는 기회다.

그 중 볼거리는 '프라모델 콘테스트'다. 총 상금 500만원이 걸린 콘테스트에는 건담 디오라마, 전쟁 디오라마 등 국내 프라모델러들의 수준 높은 모형 작품을 직접 감상할 수 있다.

77) 경제력 갖춘 30~40대가 키덜트 주축/시사위크

그림 90 키덜트&하비 엑스포

전시회장에서는 국내 하비 크리에이터들의 '취미 컨설팅'도 받아볼 수 있다. 전시회가 진행되는 동안 매일 프로그램이 짜여있는 취미 컨설팅에서는 자신에게 어떤 취미가 알맞은지 알아볼 수도 있다.

또한 종이로 만든 모형인 '페이퍼토이'도 눈으로 보고 직접 만들어 볼 수 있다. 전시장에는 '한국 종이모형 페스티벌'이 함께 열리고 있으며, 이곳에서는 종이로 만든 대형 스트라이크 건담과 철인28호 실물 사이즈 가까운 나데시코 '호시노 루리'와 드래곤볼 '인조인간 18호'를 만날 수 있다.[78)]

78) 피규어 프라모델 작품 한 자리에 2017 키덜트&하비엑스포 개최/!T Chosun

그림 91 하이트진로가 강남역에 연 두껍상회에 61일 동안 8만명의 관객이 방문했다. [사진=하이트진로]

79)장난감뿐 아니라 주류업계에서도 키덜트를 겨냥한 캐릭터 마케팅이 활발하게 이루어지고 있다. 주류 기업은 성인이 되어서도 여전히 만화·게임 등 어렸을 적 분위기와 감성을 간직한 키덜트를 귀여운 캐릭터로 겨냥하고 있다.

하이트진로는 진로 패키지를 현대 감성으로 바꾸고 두꺼비 캐릭터를 위 사진과 같이 리뉴얼했다. 진로 두꺼비는 짧고 뚱뚱한 팔다리와 튀어나온 배와 엉뚱한 외모로 1954년부터 사용한 현실적인 두꺼비 캐릭터와 전혀 다른 이미지로 제작했다. 현재 두꺼비를 활용한 굿즈와 제품을 '어른이 문방구' 콘셉트로 만든 '두껍상회'에서 팔고 있다. 지난 2021년까지 전국에 총 11개 두껍상회를 열어 큰 인기를 끌고 있다.
이처럼 키덜트 마케팅으로 제품에 젊고 트렌디한 이미지를 각인시키며 다양한 스토리로아 콘텐츠를 풀어나가는 것이 하나의 제품 광고 트렌드가 되고 있는 사례이다.

79) 주류업계, 키덜트 위한 '캐릭터 마케팅' 열풍/이뉴스투데이

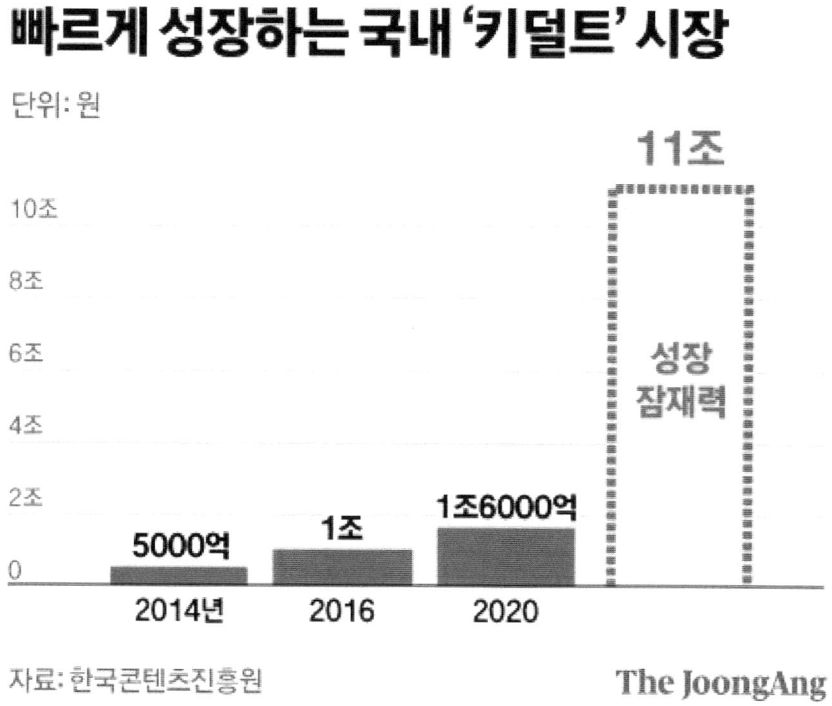

'키덜트족'은 30대와 40대 남자 어른이 많다. 이들이 제일 좋아하는 건 어렸을 때인 1970년대와 80년대에 큰 사랑을 받았던 만화 주인공 '건담'이나 '마징가Z' '태권V' 같은 로봇이다. 플라스틱으로 된 조립장난감인 '프라모델' 이나 조그맣게 축소한 인형인 '피규어' 형태에 가장 관심이 많다. 이와 함께 이들이 열광하는 또 다른 아이템으로 조립식 장난감 '레고'가 있다.

또한 키덜트족이 열광하는 분야로 게임을 빼놓을 수 없다. 요즘 휴대전화로 손쉽게 하는 모바일 게임이 아닌 전용 게임기의 재열풍도 이들 덕분이다. 집에선 텔레비전과 연결해 콘솔 게임기로도 쓸 수 있고 밖에선 휴대용 게임기로 활용할 수 있다.

실제로 글로벌 콘솔 게임 시장을 이끄는 소니와 마이크로소프트(MS)는 2020년 각각 `플레이스테이션5`와 `엑스박스 시리즈X`를 공개했는데, 출시 직후 나란히 국내 물량이 완판되며 높은 인기를 증명했다. 닌텐도의 `모여봐요 동물의 숲` 역시 매장 앞에 구매를 위한 장사진이 벌어지는 등 1년 내내 콘솔 게임기 품귀 현상을 빚은 바 있다.[80]

80) 한국경제TV뉴스 '비디오게임기 수입3배 껑충 플스 닌텐도 열풍 증명'

롯데마트에 따르면 2022년 가정의 달 행사에서 피규어와 카드, 인형 등 포켓몬 제품은 지난해 같은 기간보다 매출이 320% 이상 증가했다. 게임기·게임팩 등 닌텐도 제품은 260%, 스타워즈와 건담 프라모델도 각각 40% 이상 매출이 늘었다. 또 여자아이들의 소꿉친구였던 마루인형도 당당히 백화점의 한 매장을 차지했다. 패션기업 LF의 브랜드 '헤지스'는 최근 유통업계 전반에 부는 복고열풍을 반영해 '헤지스X미미 한정판 인형'을 선보였다. 미미는 국내 장난감 기업 미미월드가 1983년 내놓은 인형 브랜드다.

한국콘텐츠진흥원의 '콘텐츠 산업전망보고서'에 따르면 키덜트 관련 시장 규모는 2014년 5000억 원대, 2015년 7000억 원대 등 매년 20%씩 성장했다. 2020년 1조 6000억 원을 넘어선 것으로 추산되며 앞으로 최대 11조까지 성장할 수 있을 것으로 예측된다.[81]

81) 중앙일보 '30만원 레고도 미미도 완판 어린이날에 더 신난 어른들'

(4) 강좌·클래스

싱글족들의 또 다른 취미생활로 **'원데이 강좌, 클래스 수강'**이 있다. 자신이 관심 있는 분야의 클래스를 한번 배워보기도 하고, 같은 관심사를 가진 사람들을 자연스럽게 만나면서 친목 도모도 할 수 있다.

① 커피

그림 93 상상유니브 바리스타 클래스

'바리스타 클래스'에서는 커피에 관심 있는 사람들이 자신이 직접 손으로 내리는 핸드드립 커피와 에스프레소 머신 다루는 법을 배울 수 있다.

② 쿠킹

그림 94 상상유니브 베이킹 클래스

또한 '베이킹 클래스'에서는 베이커리에서 사먹던 빵을 자신이 직접 만들어볼 수 있다. 밀가루 반죽에서 굽기까지 기본과정을 배우고, 쿠키나 컵케이크 마카롱 등을 만들어 볼 수 있다.

③ 공예·미술

그림 95 상상유니브 가죽공예 클래스

'가죽공예 클래스'에서는 이론과 실습을 통해 가죽공예에 대한 이해를 확장하고, 가죽공예 및 도구에 대한 이해를 기반으로 자신만의 감각이 담긴 가죽공예품을 만들 수 있다.

그림 96 상상유니브 퍼퓸 DIY 클래스

'퍼퓸 DIY 클래스'에서는 실생활에서 유용하게 쓸 수 있는 향 제품들을 만들 수 있다. 센티드 캔들, 석고 방향제, 바다 젤 캔들, 쿨 민트 솝, 드레스 퍼퓸 등의 제품을 만드는 과정이 소개되어 있다.

④ 댄스·보컬

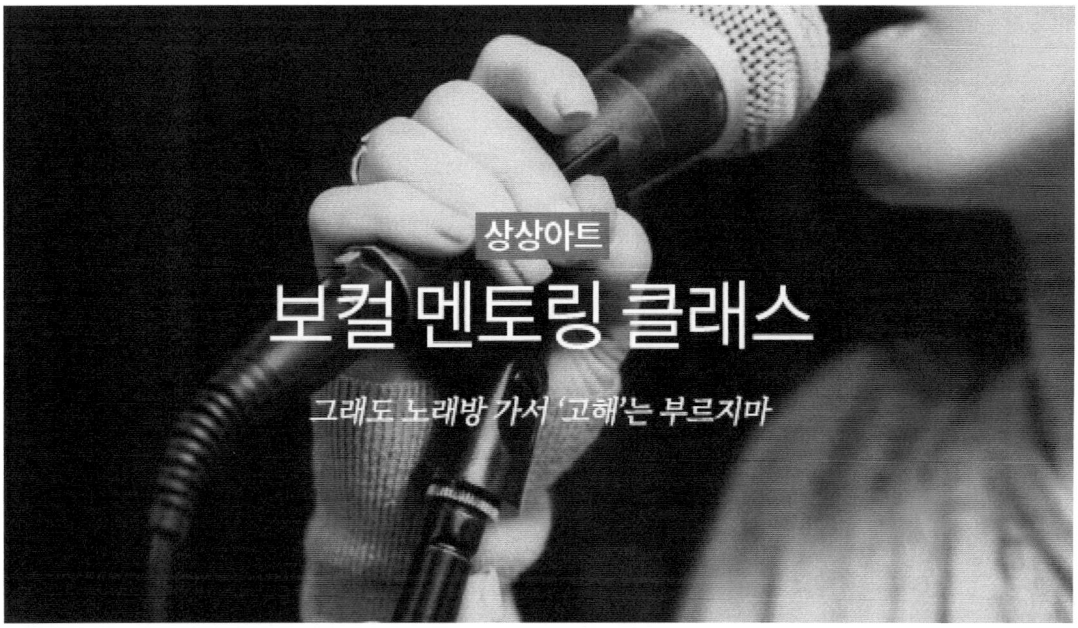

그림 97 상상유니브 보컬 멘토링 클래스

'보컬 멘토링 클래스'에서는 호흡, 발성법 등 보컬에 대한 기본 이해와 실제 개인별, 팀별 미션수행을 통한 보컬 멘토링을 받아볼 수 있다.

그림 98 상상유니브 댄스 클래스

'댄스 클래스'에서는 바디 컨트롤과 안무의 기초이해, 베이직 스탭을 먼저 익히고 방송 댄스 및 힙합댄스 등을 배워볼 수 있다.

5) 인간관계

(1) 관태기

구분	인간관계 관련 신조어
관태기	관계+권태기 = 관계에 권태기를 느끼다.
아싸족	아웃사이더 부류를 칭하는 용어로, 자신이 속한 집단에서 사람을 사귀지 않고 혼자 생활하는 사람을 말한다.
인싸	해당 집단 내에서 활발한 활동으로 모든 자리에 적극적으로 참여하고 주도하는 인사이더다.
인간알레르기	관태기 증상이 극단적인 단면, 사람만 봐도 알레르기가 난다는 신조어다. 관계 형성과 유지에 큰 스트레스를 받는 경우다.
일태기	본인의 커리어와 일에 질리게 된 현상을 뜻한다.
인태기	인생권태기
노잼시기	모든 것이 재미없어지는 상태로, 극도의 무기력에 도달했을 때를 말한다.
혼-	혼술, 혼맥, 혼밥, 혼노, 혼놀 등 혼자서 즐겨하는 무언가를 말한다.

표 8 인간관계 관련 신조어

앞서 '나 홀로족'이 증가하는 이유를 살펴보았다. 긍정적·적극적 이유는 **'편하고, 나 자신에게 조금 더 집중할 수 있기 때문'**이었으며 부정적 이유는 극심한 경쟁과 취업난·생활고 등으로 스트레스가 가중되면서 **인간관계 자체를 포기하는 것**이었다. 싱글라이프의 여러 가지 인간관계에 대해 살펴보기에 앞서 이러한 '관태기'현상에 대해 먼저 언급하고자 한다.[82)]

최근 생겨난 신조어 **'관태기'는 '관계'와 '권태기'**가 합쳐진 단어다. 관태기를 느끼고 있는 청년들은 불필요한 인간관계를 유지하기 위해 노력하는 것을 꺼려하고, 또한 새로운 관계의 필요성을 느끼지 못한다고 한다. 그렇다면 관태기가 생겨나는 사회 전반적인 원인에는 무엇이 있을지 알아보고자 한다.

---

82) <1코노미:1인 가구가 만드는 비즈니스 트렌드> 이준영

① 정답사회 대한민국

그림 99 웹툰 조이라이드 1447화 정답사회(1)

'정답사회'란 세상을 살아가는 데 있어서 마치 정답이 존재하는 것처럼 행동하고 사고하는 것을 말한다. 웹툰 <정답사회>는 우리 사회의 비교의식, 관계지향성, 체면 중시의 태도를 잘 보여준다. 특히 대한민국 사회에서 이러한 '정답'을 강요하는 경우를 많이 볼 수 있다.

한국의 대학 진학률은 OECD 1위다. 이러한 통계 이면에는 대학 졸업장을 중시하는 한국 사회 풍토가 있다. 대학교에 진학해서도 본인이 공부하고 싶은 전공을 찾아가기보다는 취업이 잘되는 학과만을 선호하고 있다. 취직이라는 정답을 따라가기 위해 모두가 똑같이 행동하며 사회가 정해둔 정답을 따라가지 않으면 불행해진다고 여기고 있는 것이다.

불확실한 미래에 대한 불안감으로 같은 목표를 향해 달려가는 사례가 공무원 시험이다. 공무원 시험과 취업준비를 위해 4년제 대학생 17.9%가 졸업을 유예하고 있으며, 대학재학생의 5.6%인 11만 3천명이 공무원 시험을 준비하고 있다.[83]

83) 정답사회, 바꿀 수 없을까?/네이버블로그

그림 100 웹툰 조이라이드 1447화 정답사회(2)

이렇게 정답을 추구하는 사회 속에서 청년들은 더욱 인간관계에 대해 권태기를 느낄 만하다. 조금만 정답에서 빗겨나가면 모두가 자신을 판단하는 잣대를 들이대려고 하니, 인간관계가 더욱 피곤하게만 느껴지는 것이다.

② Z세대의 개인주의

모모세대(more+mobile)로 일컬어지는 'Z세대'는 모바일 중심의 라이프 스타일을 가졌다. 이들은 무려 TV, 휴대폰, 랩톱, 데스크톱, 태블릿 PC 다섯 개의 멀티태스킹이 가능하다. 또한 이미지로 소통하며, 콘텐츠를 공유하는데 그치지 않고 제작하고 생산하는 크리에이터의 기능까지 수행한다.

하지만 모바일 중심의 라이프 스타일이 강해질수록 개인주의의 성향도 강해진다. 이들이 인간관계의 필요성을 크게 느끼지 못하는 큰 원인 중 하나가 바로 '스마트폰'이다.

③ 고슴도치 딜레마

그림 101 고슴도치 딜레마

독일의 철학자 쇼펜하우어는 '고슴도치 딜레마'를 역설했다. 추운 겨울날 몇 마리의 고슴도치가 모여 있었는데 가까이 다가갈수록 각자의 바늘이 서로를 찔러 결국 떨어질 수밖에 없었다. 서로의 가시에 찔리는 아픔을 반복 경험한 고슴도치들은 최소한의 간격을 두는 것이 서로에게 가장 좋은 방법이라는 것을 발견했다.

이것은 인간관계에 있어서 친밀감을 원하면서도 동시에 적당한 거리를 두고 싶어 하는 욕구가 공존하는 모순적인 심리상태를 말한다. '나 홀로족'은 인간관계를 맺는 것 자체를 두려워하며, 타인과의 적당한 심리적 거리를 유지하는 것도 힘들어한다. 결국 상처를 입더라도 다가갈 것인가, 두려움에 혼자 외로워할 것인가를 사이에 두고 심적으로 갈등한다.

Z세대는 관태기와 고슴도치 딜레마 사이에서 미묘한 양가감정을 느낀다. 그들은 관태기를 느끼면서도 소셜미디어 공간에서 소외와 고립에 대한 공포심을 보인다. 따라서 혼밥을 하면서도 이 모습을 스스로 찍어 SNS에 올린 뒤 '좋아요'를 기다리는 것이다. 관계로부터 스트레스를 받지만 관계에 대한 열망은 여전히 남아 있는 상태, 즉 관계의 역설이다.

이러한 관태기 현상을 '건강한 개인주의'로 가는 일종의 과도기적 현상이라고 지적하는 학자도 있다. 관태기를 극복하는 방법은 타인의 인정과 시선에서 자유로워지고, 자신에게 집중하며 의미를 찾는 시간을 갖는 것이다. 따라서 관태기를 겪는 사람들은 '고독력'을 키워서 '건강한 개인주의'로 승화시키는 것이 중요하다.

(2) 동호회·사교모임

'소셜다이닝'이란 SNS를 통해 관심사가 비슷한 사람끼리 만나 식사를 즐기며 인간관계를 맺는 것을 말한다. 소셜 미디어 시대에 등장한 새로운 소통 방식이다.

대표적인 국내 소셜 다이닝 플랫폼이 '집밥'이다. Peer-to-Peer 모임 플랫폼과 서비스를 개발한 스타트업이다. 집밥은 공통의 관심사를 두고 같이 식사할 수 있도록 중계 역할을 하고 있는데, 밥 친구가 필요한 사람이 "같이 밥 먹을 사람 찾아요."라는 글을 올리면 희망자들이 댓글을 다는 형식으로 운영되고 있다.

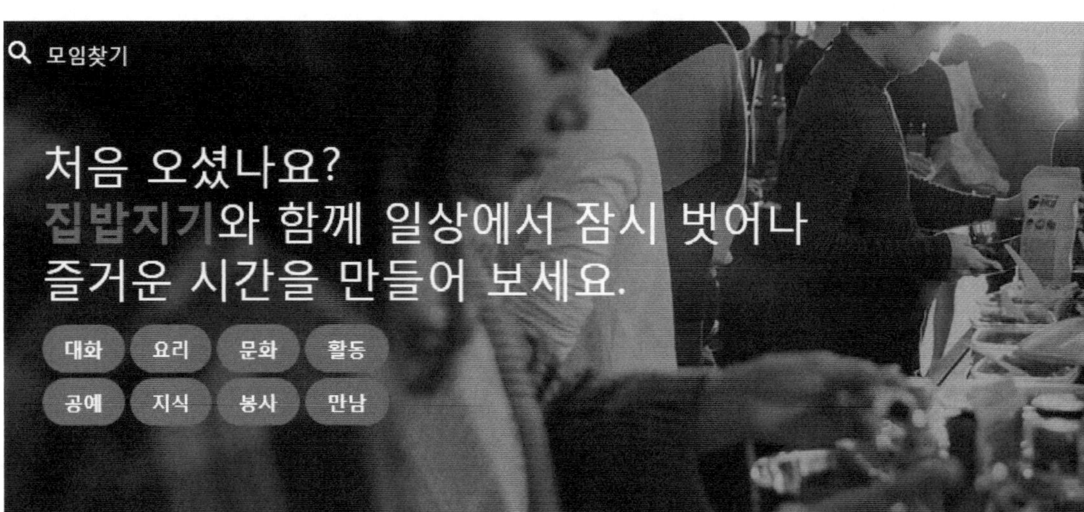

그림 102 소셜 다이닝 집밥

동호회, 카페, 세미나, 정모로 이어지는 기존의 top-down 형태의 일방적인 모임에서 벗어나, 누구나 쉽게 모임을 개설하고 참여하는 오픈 플랫폼을 제시하여 새로운 모임문화를 만들어가고 있다.

포털사이트에서 소셜 다이닝과 연관검색어이기도 한 '집밥'에 접속하면 빨간 배너를 두른 단순한 구성의 웹사이트가 열리는데, 현재 진행 중인 모임 수와 각 모임의 테마를 포토존 형태로 보여준다. '대화·일상' '요리·음식' '문화·예술' '활동·놀이' '공예·DIY' '지식·배움' '봉사·나눔' '만남·연애'로 구분되는 카테고리와 '추천모임' '인기모임' 등의 별도 섹션이 방문객들을 안내해주고 있다.84)

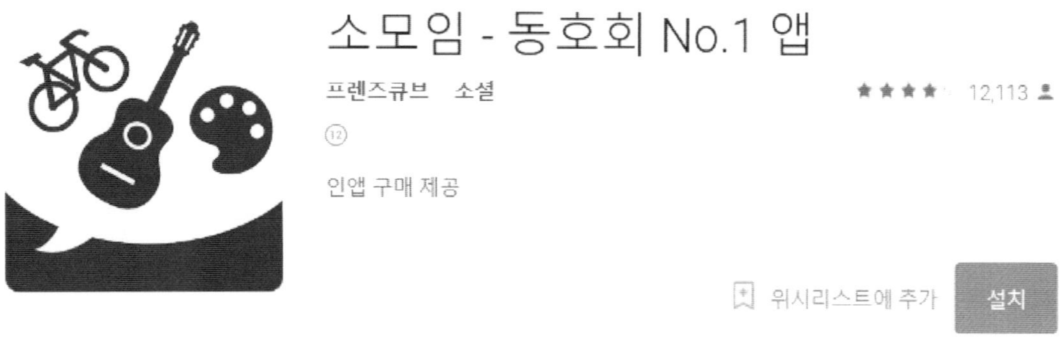

그림 103 동호회 어플 소모임

또한 동호회 어플 '소모임'은 대표적인 직장인 동호회 어플 이다. 관심사가 같은 사람들끼리의 소모임만을 목적으로 만들어진 어플 이기 때문에 동호회 검색이 더욱 쉬우며 등산, 자전거, 악기, 스터디, 영화, 공연 등 다양한 동호회가 존재한다. 사용자 지역 내 동호회가 우선적으로 노출된다는 것도 편리한 점이다.85)

84) 소셜다이닝 집밥 홈페이지
85) 직장인 동호회 어플 추천/네이버블로그

그림 104 우깨 팩토리

청년들이 직접 문화 컨텐츠를 기획하는 동호회 형태의 전주 청년문화기획사 '우깨'는 청년들의 고민과 청춘의 아픔에 대한 문제의식에서 시작되었다.[86]

'우깨'가 진행했던 프로그램 중 '안녕인생(부제: 살자니 지랄 같고, 죽자니 청춘이구나)'이라는 행사가 있다. 20대 친구들의 고민 중 가장 많았던 것은 '자신이 무엇을 좋아하는지 모르겠다.'였다고 한다. 이야기를 나누면서 지금 청년들이 어려운 시대 속에서 자신의 길을 못 찾고 방황하고 있다는 것을 온몸으로 느꼈고, 그런 청년들에게 나침반이 되어주고 싶다는 생각으로 서로의 고민과 생각을 풀어내는 자리다.

이렇듯 '우깨'는 전북 청년들의 시대적 문제에 대해 말해주거나 대변할 아무런 창구와 소통 구조가 없는 현실에서 대안적 스피커 역할을 하고자 탄생한 곳이다. '우깨'는 교육·문화 행사라는 방식으로 청년들과 함께 소통의 장을 만들어가고 있다.[87]

86) 우깨팩토리 홈페이지
87) 전주 청년문화기획 '우깨'대표 원민 청년/광주드림

(3) 소개팅

싱글족 들에게 '연애'도 큰 관심사 중 하나다. 최근에는 '소개팅 어플'이 다양하게 출시되고 있어 싱글족 들에게 인기를 끌고 있다.

'당연시'는 이상형월드컵 형식으로 16강부터 결승까지 선택해 연결되는 방식으로, 매일 새롭게 16명씩 소개해준다. 단계를 거치며 상대를 고를 수 있기에, 자신의 이상형에 부합하는 사람을 만날 수 있다. 게임과 결합한 방식으로 젊은 층들의 취향을 공략하며, 특히 20대 대학생들 사이에서 인기를 얻고 있다.[88]

그림 105 소개팅 어플 당연시

88) 2018년 떠오르는 소개팅 어플 best 4/스포츠조선 라이프

그림 106 소개팅 어플 스윗미

국내최초 LIVE 소개팅 어플 '스윗미'는 매일 밤 7시부터 1시까지 실시간 랜덤 소개팅 기능을 이용할 수 있다는 것이 특징이다. 100% 매칭을 해주는 것은 물론, 대화 시 1분 동안 상대방 프로필을 공개하지 않아 대화에만 집중 할 수 있어 나와 가치관이 맞는 사람을 만날 수 있다.

그림 107 소개팅 어플 달콤박스

'달콤박스'는 문자가 아닌 목소리로 대화하는 소개팅 어플 이다. 외로움을 느끼는 저녁시간에 많이 이용되는 이 어플은, 목소리를 직접 들을 수 있어 심쿵 한다는 여성들의 후기가 이어지고 있다. '아는 사람 만나지 않기' 기능도 어플의 장점으로 꼽힌다.

그림 108 소개팅 어플 사랑애

'사랑애'는 마음에 드는 상대방을 고르고 상대방이 나를 고르면 바로 대화방이 열리는 방식으로, 기다리지 않고 빠르게 이성을 연결시켜준다는 점에서 남녀를 불문하고 큰 호응을 얻고 있다. 앱 이용 방식 자체는 간단하지만, 마음에 드는 이성과 빠르게 만남을 가질 수 있다는 점에서 기다리기 싫어하는 2030세대들에게 인기를 끌고 있다.

6) 홀로서기

(1) 2030세대의 자립

자립(自立)이란 사전적 의미로 **'남에게 예속되거나 의지하지 아니하고 스스로 선다.'** 라는 뜻이다. 이것은 모든 물리적·경제적·정서적 측면을 포함하는 성인 한 사람의 '홀로서기'이다. '홀로서기'에 대해서 본격적으로 말하기에 앞서, 현재 한국 2030세대의 홀로서기는 어떠한지 알아보고자 한다.

경제 활동을 하고 있는 2030 세대 중 미혼으로 혼자 거주하는 1인 가구는 29.5%였다. 2030 세대 미혼 1인 가구의 48.5%는 직장 때문에 혼자 살고 있다는 비율이 가장 많았고, 가족으로부터 독립을 원해 1인 가구가 됐다는 응답도 29.3%로 그 다음을 이었다.

혼자 사는 2030 미혼 근로자의 초기 독립자금은 평균 2천917만원이었다. 이 중 90.4%가 주택 마련에 들어갔다. 2030 미혼 1인 가구의 50.7%는 독립 시 필요한 자금 마련을 위해 가족의 지원을 받았으며, 12.6%는 금융기관의 대출을 활용했다.

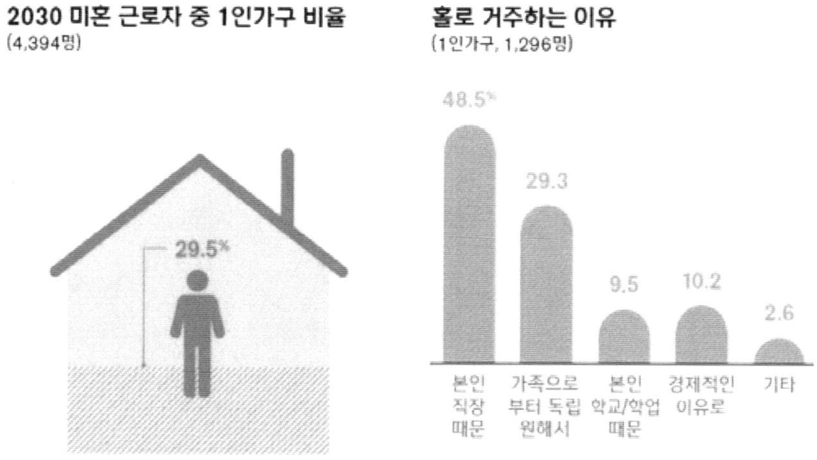

20대	52.2	22.8	14.5	8.9	1.5
30대	43.9	37.4	3.2	11.7	3.8

그림 109 2030 미혼 근로자 중 1인 가구 비율

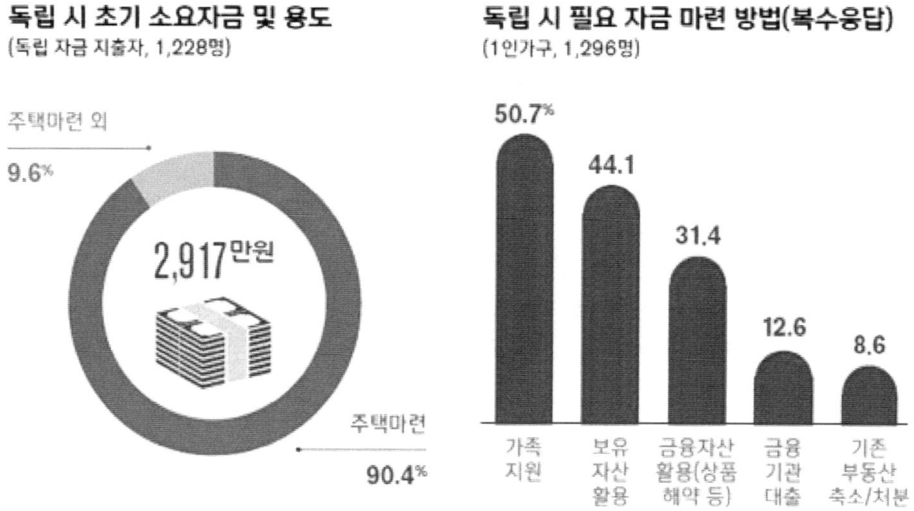

그림 110 독립 시 초기 소요자금 및 자금 마련 방법

이들의 월평균 소득은 220만원이며, 이 중 절반인 109만원을 생활비와 주거비 등에 사용했다. 또 저축에 32.7%, 부채상환에 10.9%를 썼다. 2030 미혼 1인 가구의 32.1%는 소득보다 지출이 많았고, 평균 초과 지출액은 84만원이었다. 이 때문에 2030 미혼 1인 가구의 43.0%는 부모 등 가족으로부터 물질적 지원이나 현금 등 경제적 지원을 받고 있었다. 특히 경제적 지원을 받는 경우에는 월평균 39만원을 지원받았다.[89]

89) 30대 미혼 절반이 부모와 생활, 독립자금 3천만원/ 연합뉴스

그림 111 2030 캥거루족 직장인 비율(1)

취업포털 잡코리아가 2030 직장인 979명을 대상으로 '캥거루족'을 주제로 설문조사를 진행한 결과 직장인 10명 중 3명은 자신이 성인이 되어 경제적으로 독립하지 못하고 캥거루처럼 부모의 경제 능력에 의지한다는 의미의 '캥거루족'이라고 느끼고 있다고 밝혔다.

이들은 부모님으로부터 금전적으로 생활비 지원(43.1%)과 주택 마련 및 전세금 지원(42.2%)을 많이 받는다고 답했고, 이어 빚을 갚을 때(25.0%), 결혼자금(15.4%) 등을 도움 받는다고 답했다.

금전 이외에도 이들은 정서적 도움, 주거 문제, 반찬 등 부식, 자녀 양육 보조 등의 도움도 받고 있다고 답했다. 또한 자신을 캥거루족이라고 느낀다고 답한 응답자 중 14.9%는 '이전에 부모님으로부터 독립한 적이 있다'고 밝혀 '리터루족', 즉 돌아온 캥거루족으로 드러났다. 이들 '리터루족'들은 '주거비와 부담'과 '낮은 소득으로 생활이 어려워서' 다시 캥거루족이 됐다는 응답이 많았다.[90]

90) [One Shot] 직장인 54% 부모님께 금전지원 받아, 1년 평균 944만원/중앙일보

이와 같이 2030 미혼남녀 중 1인 가구로 독립하여 살고 있는 비율은 29.5%, 전체의 1/3이 채 되지 않았고, 미혼·기혼을 통틀어 2030직장인 중 부모님께 경제적 지원을 받는 비율은 54.2%, 경제적 부분 외의 지원을 받는 비율은 79.2%로 현재 한국 2030 세대의 경제적·정서적 의존도가 상당히 높은 것으로 나타났다.

'싱글족'과 '캥거루족'의 삶은 각각 장·단점이 있었다. 또한 아이러니 하게도 이들은 서로를 부러워하는 모습도 보였다. 다음은 '싱글족'과 '캥거루족'이 말하는 자신들의 삶에 대한 이야기다.

구분	싱글족	캥거루족
장점	-자신만의 공간과 시간 확보 -자유로운 의사결정	-가족과 함께할 수 있는 시간 -집안일, 경제적 부담이 적음
단점	-경제적인 부담 -외로움	-가족과의 의견충돌, 간섭

표 9 싱글족과 캥거루족

'싱글족'들이 말하는 싱글라이프의 가장 큰 장점은 '나만의 공간과 시간'이었다. 한마디로 '자유'가 주어지는 것이었다. 나의 삶에 대한 모든 의사결정에 누구의 간섭도 받지 않을 수 있는 자유였다.

목포 출신 박가영 기자(27)는 싱글라이프의 장점으로 "집에서 그 누구의 눈치도 볼 필요가 없다"고 말했다. 취향에 맞게 방을 꾸밀 수도, 원하는 음식을 해먹을 수도 있고, "시간에 구애받지 않고 내 일정을 조정할 수 있어 좋다"고 말했다.[91]

반면 단점은 '외로움'과 '경제적 부담'이었다. 고향이 대구인 한지연 기자(27)는 집에 들어서면 쓸쓸하고 삭막한 기분이 든다고 말했고 자취비용도 부담이 된다고 했다. 이상봉 기자와 박가영 기자 역시 '자취 비용'과 '아플 때 돌봐줄 사람이 없는 쓸쓸함'을 단점으로 꼽았다.

싱글족 들의 단점은 캥거루족의 장점이었다. 집안일을 부모님이 해주시고, 월세와 생활비에 나가는 돈을 저축할 수 있으며, 가족들과 함께 있어 외롭지 않다는 것이었다.

91) 20대 싱글족 캥거루족 얘기 들어보니 "서로가 부러워"/머니투데이

수도권에서 태어나 평생 부모와 함께 산 이들은 모두 "부모님과 함께 살면서 저축에 힘쓰고 있다"고 말했다. 유승목 기자(28)는 "독립하고 싶었지만 경제적 부담을 고려하면 부모님과 함께 살면서 훗날을 위해 저축하는 게 좋다고 판단했다"고 말했다.

임현정 기자는 "각종 집안일을 부모님이 도맡아주시니 늘 감사하다"면서 "한 집에서 살다보니 심리적 안정감을 느끼는 부분이 크다"고 답했다. 이들은 모두 "퇴근 후 온 가족이 둘러 앉아 저녁을 먹을 때처럼 "가족의 단란함이 소중하다"고 입을 모았다.

반면 단점으로는 한 집에 살다보니 의견차이가 날 때 부딪치는 일이 생기곤 한다는 것이었다. 그럴 때는 독립해 가끔만 만나면 사이가 더 좋아지지 않을까 하는 생각도 든다고 덧붙였다.

(2) 고독력(孤獨力)

결국 외로움으로부터 멀리 도망쳐나가는 바로 그 길 위에서 당신은 '***고독을 누릴 수 있는 기회***'를 놓쳐버린다. 놓친 그 고독은 바로 사람들로 하여금 생각을 집중하게 해서 신중하게 하고, 반성하게 하고, 창조할 수 있게 하며, 더 나아가 최종적으로는 인간끼리의 의사소통에 의미와 기반을 마련할 수 있는 숭고한 조건이기도 하다.

표 10 <고독을 잃어버린 시간> -지그문트 바우만(2012)

한국보다 앞서 1인 가구가 급증했던 일본에선 '고독력(孤獨力)'이란 용어가 유행처럼 번졌다. '혼자 잘 지내는 힘'이란 뜻이다. 일본 철학자 사이토 다카시는 고독력의 중요성을 강조하며 "누구에게나 혼자 있는 시간이 필요하다. 중요한 순간일수록 혼자가 되어라. 혼자 있는 시간이 나를 더욱 단단하게 만든다."라고 말했다.

혼자 살고 있는 1인 가구들에게 '고독'은 어쩌면 필연적인 것이다. 이처럼 싱글족 들의 '고독'을 나쁘지 않게 바라보는 한국사회의 흐름은 긍정적인 변화라고도 할 수 있다. 일본 철학자의 말처럼, 인간에게 '고독'은 필요한 시간이기 때문이다. 다만 그 시간을 어떻게 보내느냐에 따라 '약'이 될 수도 있고, '독'이 될 수도 있다.

'고독'의 의미에 대해 자세하게 살펴보자면, 단지 감정적으로 외로워하는 '고독감'(loneliness)과 감성적으로 자신의 내공을 단련하는 '고독력'(solitude)은 근본적으로 다르다.

바로크 시대의 군주들은 국사를 잊고 칩거할 작은 성을 만들어 고독, solitude라고 불렀다. 나를 위해 만드는 고독의 성, 그것이 집이다. 또 solitude와 같은 어원의 solitar는 여러 개의 다이아몬드 가운데 단 한 개를 중앙에 박은 보석이란 의미도 갖고 있다. 카드놀이를 할 때 패를 주도적으로 돌리는 것이란 뜻도 있다. 중심에 박힌 보석이든, 카드의 패를 돌리든 그만큼 적극적 의미를 지닌 것이 솔리튜드, '고독감'이 아닌 '고독력'이다.

고독력은 혼자 있는 시간의 양이 아니라 어떻게 보내느냐의 질로 축적된다. 고독감에서 비롯된 은둔은 인간관계에 대한 친밀함이 충분히 채워지지 않은 것에서 오는 불안감, 불쾌감, 심하게는 배신에 대한 공포에서 오는 도피성이 강하다.

반면에 고독력은 자신을 응시하는 용기와 내공의 힘을 축적하는 시간이다. 내면의 소리에 귀를 기울이는 혼자만의 시간이다. 혼자 있는 시간을 즐겨야 함께 있는 시간을 즐길 수 있다. 심리학자들은 "고독으로부터 얻은 통찰은 혼자서 얼마나 많은 시간을 보냈는가 하는 시간적 개념과는 상관이 없다. 그보다는 자기 자신이 소화한 시간의 질에 좌우된다. 양질의 고독 시간, 솔리튜드를 통해 배워야 한다."고 말한다.[92]

또한 인생에서 반드시 혼자 할 수 밖에 없는 어떤 것이 있다. '자신의 삶에 대한 성찰' 같은 것이다. 이것은 분명 고독한 작업이다. 하지만 그것은 누구도 대신해줄 수 없는 일이다. 자신의 삶에 대한 성찰은 오롯이 자신의 몫이다. 삶에 대한 성찰에서 타인의 도움을 받을 수도 있지만, 궁극적으로 그것을 타인이 대신하거나 대리하도록 명령할 수는 없다.[93]

'혼자 있다'는 것은 '은둔'과는 거리가 멀다. 세상과 등을 지는 것도 아니다. 여전히 나는 세상에 발을 딛고 서 있는데, 밀집된 혼란으로 인해 되돌아볼 수 없었던 나의 삶에 대한 생각을 혼자서 해내는 과정이 '홀로서기'이다.

분명 군집생활은 필요하다. 사람은 같이 하기에 많은 것을 얻는다. 그러나 같이 한다는 것이 분명한 장점을 지니지만, 인간의 모든 장점을 '같이 한다는 것'으로 환원시킬 수는 없다. 같이 한다는 것은 때론 스트레스의 원인이기도 하다.

기꺼이 혼자가 되어 홀로서기를 꾀한다는 것은 스스로를 세계로부터 고립시키려는 자폐의 의지가 아니라, 우리가 자신에 대해서 편견을 끊임없이 주입하는 과잉된 '일반화된 타자'와 거리를 두는 능력을 의미한다. 혼자가 된다는 것은 일반화된 타자가 입혀준 옷을 벗고 잠시 자기만의 방으로 들어가는 것이다.

---

92) [김성회 칼럼] 리더여, 치(治)고독력을 길러라/이투데이
93) <혼자 산다는 것에 대하여> 노명우

혼자라는 것은 같이 있다는 것에 비추어보면 분명 결핍이다. 같이 있다는 것은 혼자 있다는 것에 비추어보면 충족이다. 하지만 행복이라는 틀로 비추어보면, 행복은 혼자 있을 때와 같이 있을 때 어느 한쪽의 일방적인 관계만을 맺지 않는다. 행복이란 혼자이기에 발생할 수 있는 결핍에서 벗어날 때, 그리고 같이 있을 때 발생하는 과잉 충족으로 인한 질식에서도 동시에 벗어날 때 가능하다.

따라서 싱글족 들은 이러한 '고독'의 시간을 정말 '잘' 보내야 할 것이다. 인간관계에 질려서 어쩔 수 없이 혼자 보내는 시간이 아니라, '나에게 필요해서', '나를 성장시키기 위해' 자발적으로 보내는 시간이 되어야 한다.

또한 고독 속에서 단단해진 사람은 인간관계를 잘 이끌어나가는 사람이 될 수도 있다. 사람은 사교적인 동물이다. 사교성은 인간의 본성 중 하나이다. 사교성을 전제하지 않는 한 인간을 이해할 수 없다. 하지만 중요한 사교성의 전제가 있다. 사교성은 '개체'를 전제로 한다는 것이다. 개체로 분리되지 않은 개별자들은 타인과 함께 있어도 그것을 사교라 할 수 없다. 따라서 '나 자신'을 먼저 이해한 개체들이 타인을 이해하며 상호작용하는 과정을 '사교'라고 말할 수 있다.

'나 홀로'라는 것이 꼭 단절을 뜻하는 것은 아니다. 어떤 길을 가든 동지와의 교감과 정보교류는 유효하다. 따라서 이미 '나 홀로족'으로 성공적인 방법을 찾아낸 이들과 교류하는 것이 좋은 방법이 될 수 있다. 또한 '나 홀로족'이 가장 중요하게 생각해야 하는 것은 건강한 몸과 건강한 마음이다. 혼자 생활하기 때문에 자칫 나태한 생활패턴과 불량한 식습관으로 건강을 해치기 십상이기 때문이다. 고독의 시간을 '잘' 보내기 위해서 몸과 마음의 건강, 생활의 건강에 항시 주의하고 예민하게 신경 써야 할 것이다.[94]

94) 고독감을 '고독력'으로!/네이버 건강백과

7) 결혼

싱글들에게 '결혼'은 매우 중요한 이슈다. 하지만 요즘은 결혼을 필수사항이라고 보지는 않는다. 따라서 나는 결혼하지 않겠다는 '비혼족'들도 많이 늘고 있다.

그림 112 성인남녀의 결혼에 대한 생각

취업포털 잡코리아와 아르바이트 전문 포털 알바몬은 성인남녀 1141명을 대상으로 '결혼계획'에 대해 조사했다.

미혼남녀 7명중 1명은 '결혼을 하지 않을 것'이라며 스스로 '비혼 주의'라 답했다. '비혼을 생각한다.'는 답변은 미혼남성보다 미혼여성이 더 높았고, 연령대가 낮을수록 높았다. 또 '결혼은 선택이라며, 해도 되고 안 해도 되는 것'이라 생각하는 응답자가 10명 중 8명의 비율로 나타났다.

'결혼에 대해 어떻게 생각하는가?'라는 질문에는 '결혼은 선택이다(해도 되고 안 해도 된다)'라고 답한 응답자가 85.0%로 많았다. 이러한 답변은 여성 응답자 중 92.9%로 남성(72.8%) 보다 높았다. 연령대별로는 △20대 중 86.7% △30대 중 83.5% △40대 이상 중 84.1%로, 남성보다 여성이, 연령대가 낮을수록 '결혼은 해도 되고 안 해도 된다.'고 생각하는 응답자가 많았다.

실제 미혼인 남녀 1016명을 대상으로 '앞으로의 결혼 계획'에 대해 조사한 결과, '앞으로 결혼할 것'이라는 답변은 33.3%로 10명중 3명에 그쳤다. 반면 '결혼하지 않을 것(비혼)'이라는 응답자가 15.0%로 7명중 1명 정도였으며, '현재는 비혼을 생각하나 미래에는 바뀔 수 있다'며, '미정'이라 답한 응답자가 51.7%로 과반수에 달했다. 결혼을 할 것이라 확답한 응답자 보다 '결혼을 안 하겠다', 또는 '안 할 수도 있다'고 생각하는 미혼남녀가 더 많은 것이다.

'비혼'을 생각하는 이유에 대해서는 남녀모두 '일과 개인생활 모두 자유롭게 살고 싶기 때문'이라는 답변이 가장 많았다. 미혼남성 중에는 '결혼하면 생활비가 늘어나므로, 경제적으로 넉넉하게 살고 싶기 때문'이라는 답변이 복수선택 응답률 47.5%로 그 다음을 이었다. 이어 △결혼 후에는 나를 위해 시간 및 비용을 투자하기 어려울 것 같아서(39.9%) △자녀를 낳고 기르는 것이 부담스러워서(35.9%) △현재 생활에 익숙하고 만족해서(30.3%) 등의 답변이 있었다.

미혼여성이 '비혼'을 생각하는 이유는 '결혼 후에는 나를 위해 시간 및 비용을 투자하기 어려울 것 같아서(46.5%)'가 그 다음을 이었다. 이외에는 △자녀를 낳고 기르는 것에 대한 부담(38.1%) △결혼 후 집안 대소사에 참여해야 하는 등 할 일이 많아지는 것이 싫어서(38.1%) △현재 생활에 익숙하고 만족해서(27.9%) 등의 답변이 있었다.[95)]

95) 미혼 남녀 15% 나는 비혼 85%는 결혼해도 되고, 안 해도 돼/에듀동아

다음은 '비혼'을 생각하고 있는 싱글들의 사례다.[96]

<사례1> 결혼해 봤자 골치만 아플 것 같아요. 무엇보다 혼자 지낼 때보다 돈 쓸 곳도 많아지고 자유롭지 못하다는 기분이랄까요? 혼자 살면 소비도, 지출도 딱 제게 필요한 만큼만 할 수 있어 좋아요. 그럼 돈도 잘 모으게 되고요. 요즘 싱글족이 늘어나는 세태에 대해 일각에선 결혼할 능력이 없어 혼자 사는 거 아니냐는 식으로 바라보기도 하던데요. 난 절대 그렇지 않습니다. 한 달에 200만 원 적금 들고 부모님께 용돈 드리고…. 그래도 부족함 없이 잘만 살아요. 저처럼 자발적으로 혼자 살면서 여유를 누리는 사람도 있답니다.(28·회사원)

<사례2> 결혼하는 친구들 보면 대단해요. 사랑만으로 결혼할 수는 없는 세상이잖아요. 맨땅에 헤딩으로 시작했다간 머리에서 피만 철철 날 걸요. 결혼 비용은 물론 집값부터 양육비, 교육비까지. 내 앞가림도 힘든데 그 많은 비용을 어떻게 홀로 감당할까요. 특히 가정에 충실하다 보면 자기 시간을 쏟기 힘들잖아요. 사회생활을 하며 틈틈이 생기는 여유 시간은 주로 가정에 투자하게 될 테니 말이죠. 싱글족으로 지내며 친구들도 만나고 배우고 싶은 것도 배우러 다니고 하며 취미생활, 문화생활 등을 즐기는 것이 내겐 더 중요해요.(35·회사원)

<사례3> 미혼과 비혼을 구분할 수 있어야 해요. 저처럼 내 의지로 결혼을 안 하겠다는 사람도 '미혼자'로 불리고 있으니 원…. 결혼을 하지 않겠다는 '비혼자'를 결혼을 생각 중이지만 아직 하지 않은 미혼자로 묶어 버리는 건 잘못된 거예요. 지금껏 대부분이 결혼을 해왔으니 결혼한 사람들은 '메이저,' 결혼 안 한 사람들은 '마이너'가 되는 듯해요. 하지만 '마이너'들은 결코 하자가 있는 사람들이 아니에요. 결혼을 안 하겠다고 하면 '아냐, 네가 아직 좋은 사람을 못 만나서 그래'라고 말하는 사람들에게 미혼과 비혼의 차이를 알려 주고 싶어요.(27·여·취업준비생)

표 11 비혼 선택한 싱글들의 사례

이러한 싱글족들의 '비혼' 트렌드는 방송 프로그램에도 반영되고 있다. MBN 신규 관찰 예능 '비혼이 행복한 소녀, 비행소녀(이하 비행소녀)'가 인기를 얻고 있다. 비행소녀는 '비혼(非婚, 주체적 의사로 결혼하지 않은 상태를 의미)'을 주제로, 연예계 대표 비혼녀 3인 3색의 리얼 라이프를 담아낸 관찰 리얼리티 프로그램이다.

96) 결혼 생각없는 '비혼'인데 주위에선 '미혼'으로만 여겨 답답/dongA

그림 113 예능 비행소녀

특히, 방송에선 비혼녀들의 싱글 라이프를 유쾌하고 발랄하게, 또 현실적으로 그려내며 호평 받았다. 일명 '비혼마스터' MC 허지웅과 박소현 그리고 비행소녀 3인방의 첫 만남이 그려졌고, 이어 이들 비행소녀 3인방은 결혼을 안 하면 무엇인가 문제가 있다고 생각하는 사회적 시선에도 불구, 각자 비혼을 선택하는 이유를 깨알 공개하며 저마다의 자유분방한 비혼 라이프를 최초로 공개했다.97)

비혼족이 늘어나면서 1인을 위한 웨딩 트렌드도 새로운 문화가 되고 있다. 자기 자신과 결혼을 하는 '솔로고미(sologomy)'가 대표적인 예다. 솔로고미는 실제로는 싱글이지만 자기 자신과 결혼함으로서 '나 스스로의 행복을 위해 헌신 하겠다'는 의미를 담고 있다.

비혼식은 남녀결혼식처럼 실제 웨딩마치를 진행한다. 이는 미혼과 달리 '선택'했다는 의미가 담겨있어 결혼식처럼 축하해주자는 취지에서 나온 신개념의 문화다. 예식장을 빌려 크게 거행하지 않고 가족, 지인들과 카페를 빌려 조촐하게 축하하는 것이 일반적이다. 솔로고미와 마찬가지로 스스로 예물을 준비하고 선언문을 낭독하는 등 비혼을 기념하는 것이다.

97) '비행소녀' 첫방, 비혼 트렌드가 시청률 화제성 모두 잡았다/스포츠조선

비혼식이 부담스러운 경우 '싱글웨딩'을 선택하기도 한다. 싱글웨딩은 결혼식 일련의 과정에서 일명 '스드메(스튜디오·드레스·메이크업)'만 간편히 진행하는 것이다. 비혼족들은 결혼식에서 가장 중요한 코스로 여겨지는 스드메만 준비해 사진으로 남긴다. 쉽게 말해 비혼 남성이나 여성이 드레스나 턱시도를 갖춰 입고 웨딩화보를 찍는 방식이다.

비혼식에 대한 국내 미혼남녀들의 반응은 아직까지는 부정적인 이미지가 강하다. 설문조사 전문 업체 엠브레인 트렌드모니터가 19~45세 미혼남녀 1200명을 대상으로 설문조사한 결과 52% 이상이 비혼식에 대해 부정적이었다. 비혼식 자체보다는 '축의금을 굳이 돌려받아야 하는지 모르겠다.'는 답변이 많았다. 다만 '합리적인 문화'로 보는 사람도 35.8%에 달했다.[98]

98) "나는 나와 결혼한다" 싱글웨딩 선택하는 '솔로고미족'/아시아경제

04

1인 가구 공동체

Ⅳ. 1인 가구 공동체

99)1인 가구 공유주택이란?
오피스텔처럼 독립된 공간을 가지면서 라운지, 주방, 운동 공간 등의 공용시설을 거주자들과 함께 공유하는 임대주택을 말한다.

월세는 주변 시세보다 10~20% 저렴하지만, 임대계약 기간이 최소 1개월부터이기 때문에 자유롭게 이동이 가능하다. 그렇기 때문에 1인 가구 주거문제 중 하나인 경제적 부담 감소와 외로움 해소에 대한 기대가 큰 것으로 보여 진다.

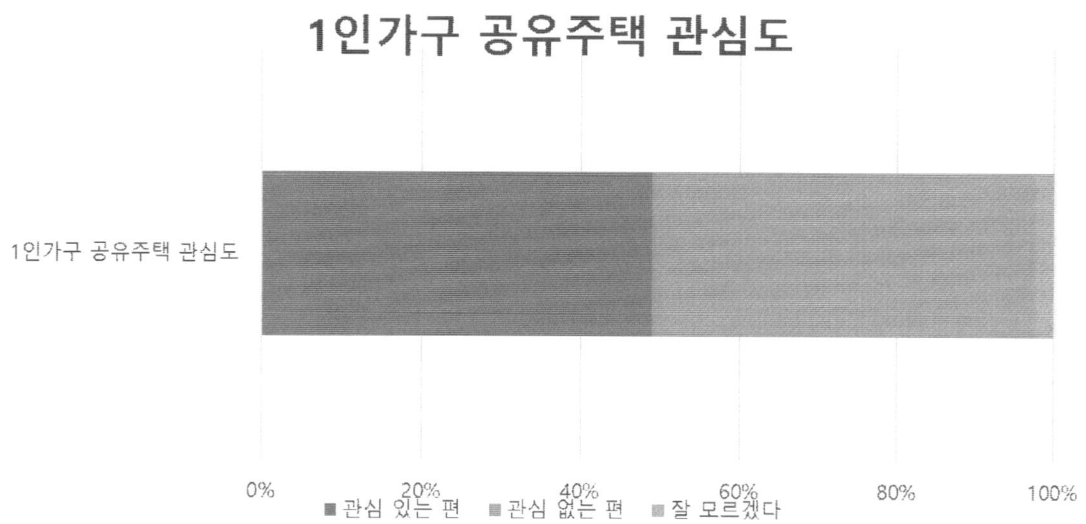

그림 115 1인 가구 공유주택 관심도

관심도 조사 결과는 1인 가구 공유주택에 관심 있는 편 49.0%, 관심 없는 편 48.7%, 잘 모르겠다 2.3%이다. 그중 관심 있는 편에 속하는 49.0% 중, 남성이 46.0%, 여성이 52.0%로 여성이 남성보다 높은 관심을 보였다. 연령별로는 10대가 64.2%, 20대 54.0%, 30대 43.3%, 50대 52.7%, 60대 45.7%로 주 이용자층으로 예상되는 10대~20대에서 높은 관심이 나타났다.

99) 빠르게 증가하는 '1인 가구'의 주거문제, '공유주택'에서 해법 찾을 수 있을까?/엠브레인 트렌드모니터 [TK_201912_NWY5397] 2019 1인 가구 공유주택 관련 조사

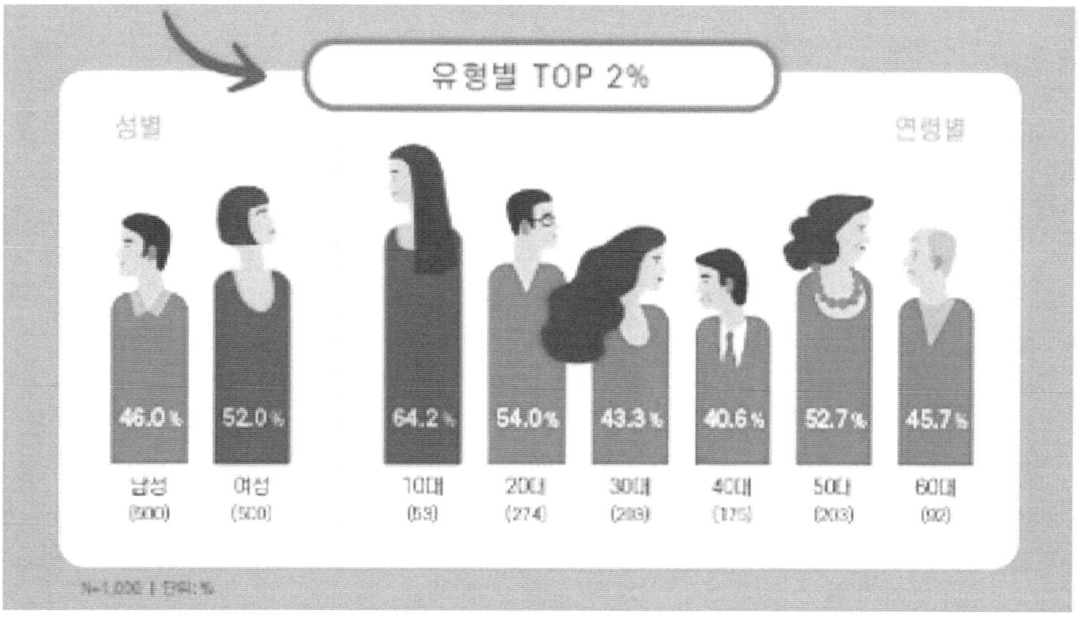

그림 116 성별, 연령별 1인 가구 공유주택 관심도

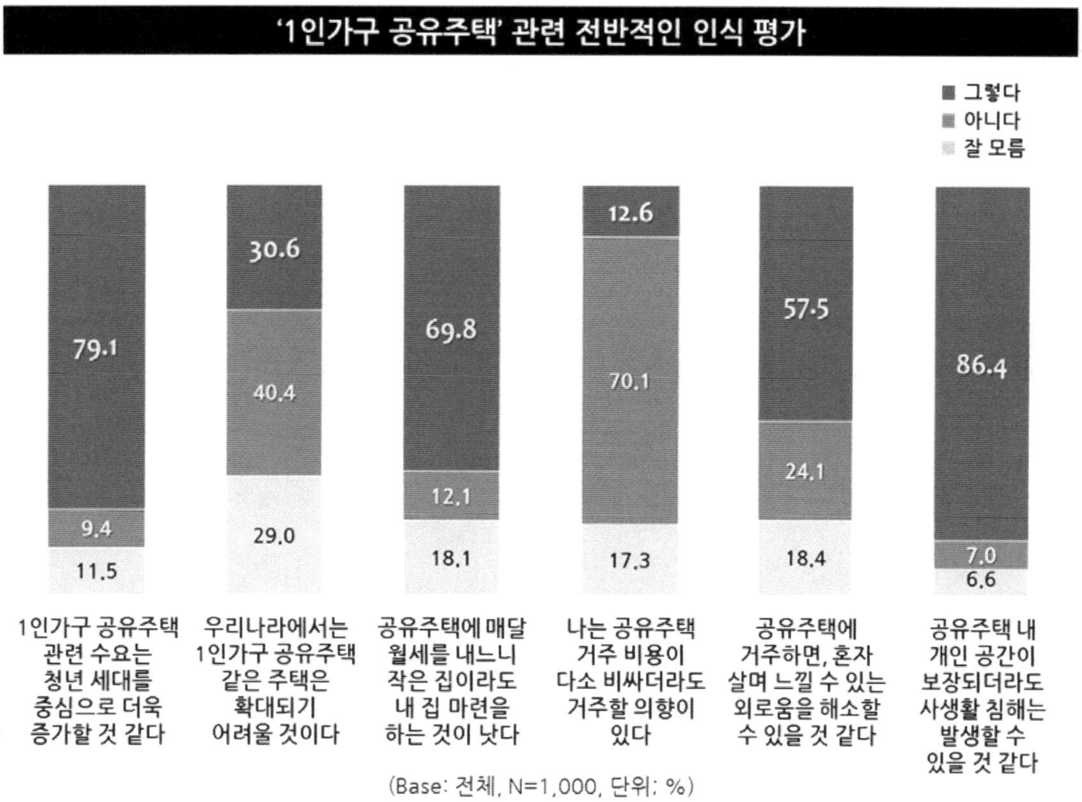

그림 117 '1인 가구 공유주택' 관련 전반적인 인식 평가

1인 가구 공유주택 관련 인식 평가에서 공유주택의 장점과 단점은 비교적 명확하게 드러났다. 공유주택의 가장 큰 장점은 외로움 해소로, 57.5%가 공유주택에 거주하면, 혼자 살며 느낄 수 있는 외로움을 해소 할 수 있을 것 같다는 기대를 가지고 있었다. 여러 명이 함께 거주하기 때문에 공유하는 공간과 활동이 많아지는 만큼 1인가구로 살 때 보다 외로움을 덜 느낄 것이라고 예상하는 것이다.

반면에 공유주택에서는 개인 공간이 보장되더라도 사생활 침해와 공용사용 공간의 관리 및 유지의 어려움 등의 단점이 있을 수 있다는 응답이 86.4%로 상당히 높은 비율의 응답이 나왔다. 다시 말해, 공유주택이지만 개인 공간의 독립성이 확실하게 있고, 공용 공간을 서로 지켜나가는 노력이 지켜져야만, 공유주택에 신뢰를 가지고 입주하는 사람들이 많아질 것이라는 예상을 할 수 있다.

1. 그리다협동조합

그림 118 그리다협동조합

> ***“독립하고 나서 많이 느꼈어요. 공동체가 성숙하려면 구성원들이 혼자 살아봐야 한다는 것을.”***
>
> 혼자 살아보니까 같이 잘 살려면 혼자 사는 경험이 굉장히 중요하다고 느끼게 되었다. 자기 삶을 주도적으로 이끄는 훈련 같은 것 말이다. 대부분 20대에 일찍 자취를 시작하면 아무래도 자신을 잘 돌보기가 어렵다. 자기 삶을 관리하는 방법은 아무도 가르쳐주지 않으니까. 그래서 비슷한 삶의 형태를 가지고 있는 사람들과 이야기를 나누는 것이 필요하다. 오늘 우리가 자기 자신의 이야기를 한 이유는 함께 잘 살아가고 싶어서다. 나는 혼자서 겪었지만, 이런 나의 경험이 다른 누군가에게 도움이 될 수 있으면 좋겠다. 더불어 잘 살 수 있도록 말이다.

표 12 그리다협동조합원 인터뷰

2014년 1월에 문을 연 '그리다 협동조합'은 여성 1인 가구들의 협동조합이다. 마포구 동교동에 위치한 '어슬렁 정거장'을 카페(1층)와 교육 공간(2층)으로 운영하고 있다.

마을 공동체를 만들거나 공동체 활동을 할 때, 여성들은 흔히 엄마로서 참여하게 되는 경우가 많은데 '그리다 협동조합'은 이 점부터가 다르다. 구성 주체가 엄마가 아닌 여성 1인 가구다. 구체적인 활동 역시 여성 1인 가구를 위한 활동이 대부분이다.

또한 그리다 협동조합은 '어슬렁 셰어링' 모임을 통해 서로의 재능을 나눈다. 건강 밥상 차리기, 발레와 스트레칭, 심리 치료 등의 재능 나눔 프로그램을 진행했다. '어슬렁 셰어링'에서는 수강료 대신 10시간 동안 자신의 재능을 다른 이들과 나누면 된다. 또 다른 소모임 '어슬렁 동네친구'는 조합원이 아니어도 참여할 수 있다.

2014년 말에는 서울시 후원으로 '혼자 그리고 더불어 사는 여성들의 잡지'를 표방한 <1인용 행복>을 펴내기도 했다. 잡지에는 1인 가구를 위한 맞춤 레시피, 건강과 병원 동행, 일상에서 혼자 놀기 비법, 1인 가구 여성이 알면 좋은 서울시 정책 등 1인 가구를 위한 다양한 정보가 담겨 있다.

또한 '그리다 협동조합'이 운영하는 카페인 '어슬렁 정거장'에 가면 여성 1인 가구들에게 도움이 될 만한 정보를 나눌 수도 있다. 카페를 방문하는 이들이 남겨놓은 정보들이 차곡차곡 쌓여있다.

현재 이곳의 조합원들은 30~40대 여성 1인 가구가 제일 많은 편이다. 이들은 앞으로 50~60대 혼자 사는 여성들까지 아우를 수 있도록 외연을 넓혀가고자 한다는 포부를 밝혔다.

2. 우리동네청년회

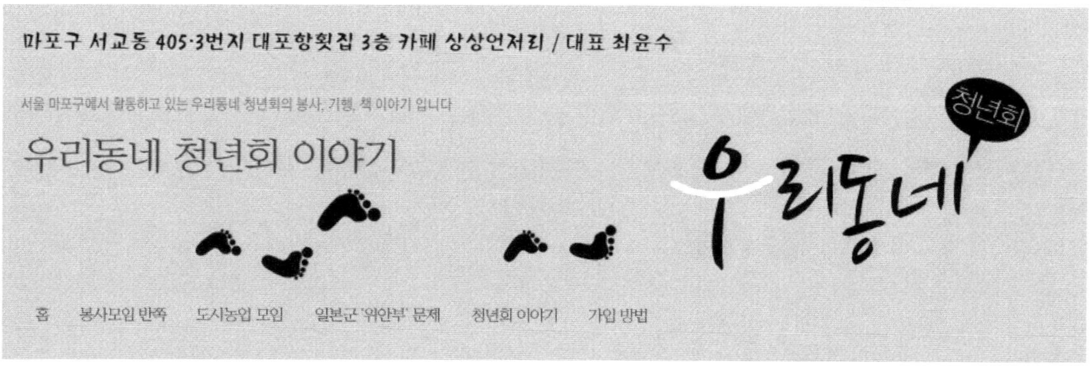

그림 119 우리동네청년회

"***<u>그동안 좁은 인간관계 속에서 살았는데, 이곳에서 정말 다양한 친구들을 사귈 수 있게 되었어요.</u>*** 기자부터 펀드매니저, 디자이너, 사회 활동가 까지 다양하죠. 하고 싶은 일이 있으면 회원들을 모아서 동아리를 만들 수가 있어요. 뜻 맞는 회원들과 봉사 활동도 하고요. 혼자서는 쉽게 할 수 없는 일도 서너 명이 모이면 시작할 수 있어요."

표 13 우리동네청년회원 인터뷰

'우리동네청년회'는 서울 마포구에 청년들이 모인 2030 커뮤니티다. 주로 미혼의 1인 가구 중심으로 운영되고 있고, 봉사모임과 도시농업 모임 등을 주최하고 있다. 뿐만 아니라 사회적으로 관심이 필요한 여러 가지 문제들에 대해서도 함께 이야기를 나누고 활동하기도 한다.

또한 1인 가구가 많다보니 자연스럽게 '집밥 모임'이 생겼다. 한 달에 한 번씩 모여서 밥 한 끼 제대로 먹자는 것인데 모르는 사람들이 다 같이 둘러앉아 밥을 먹으면서 살아가는 이야기를 나눈다. 세계 요리를 테마로 정해 색다른 음식을 만들어 먹기도 하고, 혼자서는 하기 어려운 김장 김치 담그기도 한다.

3. 명랑마주꾼[100)]

그림 120 명랑마주꾼

"***제 생각에 1인 가구에 대한 취재는, 주로 1인가구의 긍정성을 요구하는 방향으로 많이 치우쳐 있는 거 같아요.*** 개인적으로는 1인가구를 무작정 긍정하기 위험한 형태라고 생각하거든요. 1인 가구를 단순히 1인 소비자로만 바라보는 사회의 시선이 조금은 편향적이라고 생각했어요. 저희는 독거 노인분 들에 대한 활동을 주로 했기 때문에 더 그렇게 느꼈고요. 이런 식으로만 바라보면 가까운 미래에는 아름답지 않은 삶을 마주할 수도 있겠다는 생각이 들어서, 요즘에는 어떻게 그러한 시선들을 회복을 할 수 있을까 이런 고민을 하고 있습니다."

표 14 명랑마주꾼 인터뷰

'명랑마주꾼'은 1인 가구의 고립된 상태를 문화예술로 명랑하게 마주하자라는 뜻을 가지고 활동하고 있는 생활예술커뮤니티다. 이들은 주로 고립되어 있는 노인분 들을 만나고 돕는 활동을 하고 있다. 1인 가구 생활을 하시는 노인분 들과 뜨개질을 한다든지 그 분들의 장례식을 다큐멘터리로 찍는 다든지 등의 활동이다.[101)]

또한 '성산동 임대아파트', '명랑수리공', '고립사 다큐', '구술구술 정거장'까지 여러 프로그램을 진행하면서 명랑마주꾼들은 사회 곳곳의 고립된 노인들을 만나며 자신과 어르신들의 처지가 크게 다르지 않다는 생각을 하게 되었다고 한다. 돈이 전부인 사회에서 예술로 먹고살 궁리를 하는 배고픈 청년들과 사회의 주류에서 어느새 멀어져 배고 고프고 사람도 고픈 노인들과의 공통점을 찾게 된 것이다.

---

100) 명랑마주꾼 페이스북
101) 독립하고 싶지만 고립되기 싫은 사람들/채널예스

'고립' 그리고 '죽음' 이 두 가지 단어가 명랑마주꾼이 가장 많이 생각하고 이야기하는 키워드이지만, 그들은 언제나 즐겁다. 혼자 살다 혼자 죽는 도시에서 서로를 마주하게 하는 마지막 남은 힘, 이들은 그걸 '명랑'이라고 부른다.

4. 청년연대은행 토닥

그림 121 청년연대은행 토닥

"처음에는 기업 후원을 받아서 시작하라는 조언이 많았대요. 그래서 정말 많이 고민하다가 이렇게 결론을 내렸죠. ***'그렇게 받은 돈과 청년들이 5000원, 1만원 씩 모은 돈은 다르다. 우리가 스스로 우리 문제를 해결하자.'*** 이런 의미에서 깨알같이 출자금을 모아서 시작했어요. 삼성에서 10억 원을 지원받아 대출사업을 한다고 가정해보세요. 기업 돈을 100만원 빌렸을 때와 '나와 똑같은 처지의 청년들이 아껴서 모은 돈'을 100만원 빌렸을 때는 그 의미가 전혀 다르니까요."

표 15 청년연대은행 토닥 인터뷰

청년연대은행 '토닥'은 21세기 판 청년 금융 두레라고 할 수 있다. '토닥'에서 대출을 받으려면 협동조합 형태로 운영되는 청년연대은행 '토닥'의 은행원이 되어야 한다. 만 15~39세, 매달 5000원 이상의 출자금과 1000원 이상의 조합비를 내면 조합원이 될 수 있다. 가입 후 바로 돈을 빌릴 수 있는 것은 아니다. 예를 들어 30만원을 대출받기 위해서는 '출자 1개월 이상 또는 토닥 씨앗 다섯 톨 이상'이라는 조건을 충족해야 한다.

토닥 씨앗은 토닥 조합원 교육, 소모임 등의 활동에 참여할 때마다 쌓이는 활동지수다. 그리고 또 하나, 모든 조합원은 신입 조합원 교육인 '토닥학 개론'을 반드시 이수해야 한다. 출자 개월 수와 토닥 씨앗이 늘어나면 그만큼 대출 가능 금액도 커진다. 단 최대 100만원 까지 대출 가능한 소액 대출, 즉 마이크로크레딧(Micro-Credit)이다.

'얼굴을 아는 사이'의 힘은 크다. 채권 추심 등 상환을 강제하는 수단이 없어도 대출을 받아놓고 연락이 두절되거나 상환을 아예 하지 않는 경우는 거의 없다. 사정이 어려워서 한두 달씩 상환이 늦어질 뿐이다. 청년연대은행 토닥의 상환율은 거의 90퍼센트에 이른다. 김진회 이사장은 이를 '기적 같은 일'이라고 표현했다.

5. 아현동쓰리룸

그림 122 아현동쓰리룸

“사람들이 문화예술에 접근하기는 쉬워졌지만, 예술가들에게 수익이 되는 일은 많지 않아요. 저희가 큰돈을 벌려고 하는 것이 아니고, ***예술인들이 예술 활동과는 상관없는 다른 일을 생계 때문에 하지는 않았으면 좋겠어요.*** 아현동에서만큼은 예술인들이 도시 안에서 수요를 찾아내서 문화예술 활동을 하면서 생계를 유지했으면 좋겠어요.”

표 16 아현동쓰리룸 인터뷰

‘아현동쓰리룸’은 음악 활동과 공연 기획을 하면서 아현동 마을 활동가로 활동하고 있다. 이들은 처음에 혼자 사는 사람들을 모아 집밥을 같이 먹는 모임을 하다가 한 달에 한번 씩 가정집에서 ‘홈메이드 콘서트’를 열면서 집밥 모임과 공연기획을 함께 하게 되었다고 했다.

그림 123 아현동쓰리룸 홈메이드 콘서트

또한 이들은 문화예술인들이 모여서 고민과 새로운 생각을 나누는 커뮤니티 공간, '언뜻, 가게'를 오픈했다. 천휘재 대표는 이곳에서 문화예술에 관한 교육 또한 진행할 계획이라고 말했다. 따라서 마을 사람들에게 문화예술 교육을 하고, 교육한 것을 바탕으로 마을 사람들과 같이 공공예술 부분을 실천해보고 싶다고 덧붙였다. 지금까지 공공예술이라고 하면 외부인들이 마을에 와서 일회성으로 작업을 하고 가는 경우가 많았는데, 외부인이 아니라 마을에 살고 있는 사람들이 교육을 받아서 직접 마을을 바꾸어 볼 수 있는 기회를 제공하고 싶다고 했다.[102)]

102) 아현동쓰리룸, 재건축 예정지에 들어온 문화예술/네이버블로그

05

시사점

V. 시사점

이와 같이 싱글라이프의 문화와 소비트렌드에 대해 살펴보았다. 세계적으로 1인 가구는 지속적으로 증가하는 추세고, 대한민국도 그것을 따라가고 있다. 따라서 '싱글 문화'는 이제 하나의 소비시장을 이루고, 트렌드로 자리 잡고 있다. 하지만 1인 가구를 단지 '파워 컨슈머'로 보는 시각은 위험하다.

본 보고서에서 다루었던 것처럼 '싱글라이프'는 화려하고 즐겁지 만은 않다. 1인 가구를 이루고 있는 소수 상류층이 그런 삶을 즐기고 있다고 한다면, 나머지는 빠듯하게, 또는 힘겹게 생활유지를 하고 있다. '청년 1인 가구', '캥거루족' 뿐 아니라 '노년층 1인 가구'도 1인 가구의 상당부분을 차지하고 있다.

노년층 1인가구는 경제, 건강, 주거환경이나 사회적 관계 등에서 열악한 경우가 많다. 앞으로 노년층 절반이 1인가구가 될 수도 있기 때문에 사회 전반적으로 독거노인과 고독사 문제에 대한 산업과 정책에 관심을 가져야 한다. 빈곤한 독거노인에게는 경제적인 지원과 안전한 주거환경이 필요하다. 노인 1인가구는 사회적인 고립상태에 처하기 쉽기 때문이다. 가족과 이웃으로부터 고립되지 않도록 사회참여를 적극적으로 도와야 한다.[103)]

또한 '1인 가구'로 산다는 것은 '자립'이라는 숙제를 포함하고 있다. '자립'은 물리적·경제적·정서적으로 홀로서야 하는 성인 한 사람의 '인생 숙제'다. 이것은 결코 쉽거나 즐겁지만은 않은 과정이다. 외국과는 달리 우리나라의 2030세대는 아직 부모에게 의존하는 경향이 높은 편이다. 또한 '홀로서기'에 대해서는 교육을 받을 수 있다거나 누군가가 가르쳐주지 않는다.

하지만 홀로서기, 혼자 사는 경험은 인생에 있어 매우 중요하다. 자기의 삶을 주도적으로 이끄는 훈련을 하게 되기 때문이다. 때로 외롭고 고독하지만 그 시간을 통해서 분명히 배울 것이 있고 얻을 것이 있다. 또한 누군가에게 예속되지 않는 '진정한 자유'를 누릴 수도 있다. 무엇보다 그 과정에서 '진짜 어른'으로 성숙되어질 수 있다.

이처럼 '싱글라이프'는 단지 '나 홀로 편하게 산다.'는 개념이 아니다. 하나의 성숙한 개체가 되어 성숙한 인간관계, 공동체를 이루기 위한 과정이다. 그런 지향점을 이루기 위해서는 더 많은 1인 가구들의 공유와 소통이 이루어져야 한다. 자신과 비슷한 삶의 형태를 가지고 있는 사람들과 함께하며, 서로 배우며, 돕는 '소통의 과정'이 더욱 활성화 되어야 할 것이다.

---

103) 전체1인가구의 30%, 노인 1인 가구 화려한 싱글은 먼 이야기/헬스경향

06

참고문헌

VI. 참고문헌

1) 9년 뒤부터 모든 시도서 '1인 가구' 비중 1위로/한겨레
2) 혼밥·혼영 나 홀로 삶 즐기는 이유? 전혀 불편하지 않으니까!/조선일보
3) '사람이 귀찮고 혼자이고 싶다' '관태기' 앓는 20대/이데일리
4) 1인 가구에서 1인체제로 2018 트렌드 방향은? /데일리팝
5) 2018 대한민국 트렌드, 1인 체제 집중조명/싱글리스트
6) 2018년 트렌드, 1인 체제/흥디자인
7) 솔로이코노미, 문화가 되다/이코노믹리뷰
8) 20대 1인 가구 화려하게 살고 싶지만 돈이 없다/데일리팝
9) 청년 1인 가구 '독립해서 슬프다'/내일신문
10) 55%가 '난 하층, 최하층' 완전한 경제적 독립은 힘들어/헤럴드경제
11) 1인 가구 소비만 '나 홀로 성장' 120조원 시장을 잡아라/한국경제산업
12) 성별 소득 결혼 2차 확장, 그리고 공유/이코노믹리뷰
13) 주목을 넘어선 성장 가정간편식/이코노믹리뷰
14) 식문화트렌드 가정간편식 맛 보세요 /전남도민일보
15) 2030세대 1인가구가 온라인에서 가장 많이 구입한 채소는? / 리얼푸드
16) <1인가구맞춤 요리책> 월간 수퍼레시피 /알라딘 책정보
17) <365일 자취요리> 성안북스/예스24 책정보
18) https://www.instagram.com/10000recipe/ 만개의 레시피 인스타그램
19) 혼자 사는 사람들 위한 주방용품 나와 인기/백세시대
20) 식재료 준비? 필요 없어요, '밀키트'가 있으니까/오마이뉴스
21) 반 외식 소비 트렌드 타고 배달, 테이크아웃 고속성장/파이낸셜 뉴스
22) '아침에도 맛있는 국 반찬을' 명가아침 아침식사배달 서비스/데일리그리드
23) http://www.emyungga.com/shop/shopdetail.html?branduid=178173 명가아침 홈페이지
24) 나가서 먹기 귀찮다 귀차니스트 위한 배달 서비스 호황/쿠키뉴스
25) http://www.homeal.net/ 호밀 홈페이지
26) http://www.mr-nature.co.kr/shop/main/index.php 미스터네이처
27) 몸값 치솟는 '소형 주택'관심/뉴스웨이
28) 1인 가구 증가, 강소+복합 공간 인기, 주거형 오피스텔 시대 본격 열린다/헤럴드경제
29) 주택시장에 부는 '다운사이징 열풍'/머니S
30) 아침밥 제공하는 아파텔, 대기수요 랜드마크 효과에 임대수익률 높아/매일경제
31) 주부들은 좋겠네 '삼시세끼 제공'하는 아파텔 가보니/집코노미
32) 밥 집 돈 다 챙기자 '싱글족 서비스6'/홈마스터
33) <유쾌한 셰어하우스> 김미애, 신미경, 홍세미, 신한슬, 홍지숙/교보문고 책정보
34) <셰어하우스 시대가 온다> 김결/교보문고 책정보
35) https://www.woozoo.kr/ 우주 홈페이지
36) 셰어하우스 '우주' 김정현 대표 "주거 빈곤 내몰린 청년들 고민 덜어주고 싶었죠."/서울경제

37) http://www.bangjjack.com/main 방짝 홈페이지
38) 주거 공유 서비스 ‘방짝’ 회원 2000명 돌파, 새로운 사람 만나면서 활력 생겼다/아시아투데이
39) <1코노미> 2017년 21세기북스 이준영
40) 집꾸미기, 성가신 일 아닌 취미 DIY시장 급성장/헤럴드경제
41) http://tv.jtbc.joins.com/plan/PR10010430 <헌집줄게 새집다오> 프로그램 정보
42) 쿡방 다음 ‘집방’/allure
43) <좋아하는 곳에 살고 있나요?> 최고요 휴머니스트/교보문고 책정보
44) <싱글룸 인테리어의 모든 것> 정소정 길벗/교보문고 책정보
45) <제이쓴의 5만원 자취방 인테리어> 제이쓴/예스24 책정보
46) 1인 가구 증가 고령화 사회, 물리보안업계 ‘홈 보안 시장’에 주력/아주경제
47) https://www.s1.co.kr/secomizi 에스원 홈페이지
48) 1인 가구 보디가드 ‘홈 보안서비스’ 3 pick /싱글리스트
49) https://www.adtcaps.co.kr/capshome/guide.asp ADT캡스 홈페이지
50) https://home.nsok.co.kr/front/hsecurity/hnsecurity.do NSOK 홈페이지
51) http://www.wahome.co.kr/index 와홈 홈페이지
52) http://www.homemaster.co.kr/office.html 홈마스터 홈페이지
53) 싱글족과 주부들을 위한 유용한 홈케어 서비스앱/데일리라이프
54) https://spot.wooribank.com/pot/Dream?withyou=po 우리은행 금융상품
55) 우리은행 위비뱅크, ‘위비 방콜론’ 출시/헤럴드경제
56) KB국민은행 ‘KB일코노미 청춘 패키지’/매일경제
57) KB국민은행, 펫신탁 상품 가입대상, 기능 확대/파이낸셜뉴스
58) ‘나 홀로족’을 위한 NH-쏠쏠패키지 출시/중부매일
59) 싱글족 집 몸 돈 챙기는 금융상품 8개/S라이프스타일
60) 신한카드, 1인 가구 타깃 ‘미스터라이프카드’ 고객들에 호응/EBN
61) 신한 두 배 드림 적금 고객들에게 인기/dongA
62) 욜로족 시선 끄는 삼성카드 taptap I/비즈니스워치
63) 나는 나를 사랑해, 포미(For me)족/인터파크 북DB
64) 느리지만 특별하게 ‘소소 여행’이 뜨고 있다/뉴스1
65) 혼행도 진화한다, 2018 여행 트렌드 예측/뉴시스
66) “싱글족 잡아라!” 서울싱글라이프페어 참여업체 모집/머니투데이
67) 늘어나는 ‘나 혼자 산다’ 13일까지 코엑스서 싱글페어 열린다/중앙일보
68) 생활맥주, 싱글족을 위한 ‘일로와페스티벌’ 참여/로이슈
69) 경제력 갖춘 30~40대가 키덜트 주축/시사위크
70) 피규어 프라모델 작품 한 자리에 2017 키덜트&하비엑스포 개최/!T Chosun
71) 키덜트는 누구고 관련 매장이 늘어나는 이유는 뭔가요?/중앙일보
72) http://www.sangsanguniv.com/ 상상유니브 홈페이지
73) <1코노미:1인 가구가 만드는 비즈니스 트렌드> 이준영
74) https://blog.naver.com/hsangmin900/220726675535 정답사회, 바꿀 수 없을까?
75) https://www.zipbob.net/about/about_us 소셜다이닝 집밥
76) https://blog.naver.com/colorcolor7537/221228818556 직장인 동호회 어플 추천

77) http://www.gjdream.com/ 우깨팩토리
78) 전주 청년문화기획 '우깨'대표 원민 청년/광주드림
79) 2018년 떠오르는 소개팅 어플 best 4/스포츠조선 라이프
80) 30대 미혼 절반이 부모와 생활, 독립자금 3천만원/ 연합뉴스
81) [One Shot] 직장인 54% 부모님께 금전지원 받아, 1년 평균 944만원/중앙일보
82) 20대 싱글족 캥거루족 얘기 들어보니 "서로가 부러워"/머니투데이
83) [김성회 칼럼] 리더여, 치(治)고독력을 길러라/이투데이
84) <혼자 산다는 것에 대하여> 노명우
85) 고독감을 '고독력'으로!/네이버 건강백과
86) 미혼 남녀 15% 나는 비혼 85%는 결혼해도 되고, 안 해도 돼/에듀동아
87) 결혼 생각 없는 '비혼'인데 주위에선 '미혼'으로만 여겨 답답/dongA
88) '비행소녀' 첫방, 비혼 트렌드가 시청률 화제성 모두 잡았다/스포츠조선
89) "나는 나와 결혼한다" 싱글웨딩 선택하는 '솔로고미족'/아시아경제
90) <독립하고 싶지만 고립되긴 싫어> 홍현진, 강민수
91) http://blog.daum.net/wooridongne09 우리동네청년회
92) https://www.facebook.com/mungrang 명랑마주꾼
93) 독립하고 싶지만 고립되기 싫은 사람들/채널예스
94) https://www.facebook.com/ybank1030 청년연대은행 토닥
95) https://www.facebook.com/mytownpop 아현동쓰리룸
96) https://blog.naver.com/wishloopcorp/220267484341 아현동쓰리룸, 재건축 예정지에 들어온 문화예술
97) 전체1인가구의 30%, 노인 1인 가구 화려한 싱글은 먼 이야기/헬스경향

초판 1쇄 인쇄 2018년 5월 05일
초판 1쇄 발행 2018년 5월 14일
개정판 발행 2022년 8월 29일

편저 ㈜비피기술거래
펴낸곳 비티타임즈
발행자번호 959406
주소 전북 전주시 서신동 780-2번지 3층
대표전화 063 277 3557
팩스 063 277 3558
이메일 bpj3558@naver.com
ISBN 979-11-6345-377-2(13590)
가격 35,000원

이 도서의 국립중앙도서관 출판예정도서목록(CIP)은 서지정보유통지원시스템 홈페이지 (http://seoji.nl.go.kr) 와 국가자료공동목록시스템 (http://www.nl.go.kr/kolisnet)에서 이용하실 수 있습니다.